塔河油田岩溶缝洞储集体测井处理解释技术

王晓畅　李　军　胡　松　孔强夫　苏俊磊　等著

石油工业出版社

内 容 提 要

本书针对岩溶缝洞储集体这一特殊油气藏，以我国第一个古生界海相亿吨级大油田——塔河油田为例，围绕缝洞储集体类型开展研究，将地质特征与测井先进的数模物模技术相结合，探索地下大型洞穴和裂缝等缝洞储集体特征，建立符合缝洞储集体的测井处理解释方法。

本书适合勘探开发工作人员及大专院校相关专业师生参考使用。

图书在版编目（CIP）数据

塔河油田岩溶缝洞储集体测井处理解释技术／王晓畅等著. — 北京：石油工业出版社，2021.6
　　ISBN 978-7-5183-4631-8

Ⅰ.①塔… Ⅱ.①王… Ⅲ.①塔里木盆地-碳酸盐岩油气藏-储集层-油气测井-测井技术-研究 Ⅳ.①TE344②TE151

中国版本图书馆 CIP 数据核字（2021）第 092448 号

出版发行：石油工业出版社
　　　　　（北京安定门外安华里 2 区 1 号　100011）
　　　　网　　址：www.petropub.com
　　　　编辑部：（010）64523736
　　　　图书营销中心：（010）64523633
经　　销：全国新华书店
印　　刷：北京中石油彩色印刷有限责任公司

2021 年 6 月第 1 版　2021 年 6 月第 1 次印刷
787×1092 毫米　开本：1/16　印张：8.25
字数：200 千字

定价：100.00 元

《塔河油田岩溶缝洞储集体测井处理解释技术》
编写人员

王晓畅　李　军　胡　松　孔强夫

苏俊磊　张爱芹　胡　瑶

前　言

大自然鬼斧神工，孕育了如桂林山水等优美壮观的岩溶地貌。在塔里木盆地之下数千米深处，神奇地保存着距今5亿年前的岩溶地层，其中蕴藏了丰富的油气资源。这种碳酸盐岩岩溶油气藏十分罕见，储集空间新颖独特，发育的大量大型洞穴突破了石油勘探开发研究者对于碳酸盐岩油气藏的认识。

碳酸盐岩岩溶储集体物性好的储层难以取心，一手研究资料缺乏，此时测井的作用显得更加重要。测井犹如探测技术的一双眼睛，深入5000多米的地下，利用物理测试手段观测地层的物理性质，通过测井处理解释提供的洞穴发育位置、洞穴内部充填的岩石，以及岩性和孔隙度等与地质体特征密切相关的储层参数，仿佛看见发育的洞穴，看见地下河流沉积下来的河砂和淤泥，看见洞穴边缘地层坍塌之后堆积下来的角砾石，看见由于地质运动形成的裂缝。

笔者及其所在的研究团队经常与各个专业的研究人员进行沟通交流，深感不同专业人员由于各自研究方法的基础不同而导致对同一个地质体认识的差异，影响了综合应用多种专业资料进行地质认识和勘探开发的效果。鉴于此，笔者结合多年对于塔河油田碳酸盐岩岩溶油气藏测井处理解释的认识，编写了本书。希望通过本书的介绍，能够使读者了解针对岩溶储集体这样一种具有极强多尺度性和非均质性的储集类型，从测井专业角度形成的一些理解和认识，表现出的一些特征及能够提供的解释结果。

在本书的撰写过程中，得到了中国石油大学（华东）范宜仁教授、邓少贵教授、刘学锋教授、魏周拓副教授、葛新民副教授、王磊副教授，长江大学张超谟教授、张占松教授和张冲教授在测井响应模拟方面的指导和帮助；得到了中国石化西北油气分公司勘探开发研究院张卫峰专家、张晓明专家在测井响应规律和处理解释方法方面的指导和帮助；得到了中国石化石油勘探开发研究院孙建芳专家、魏荷花专家，中国石油大学（华东）金强教授，中国石油大学（北京）侯加根教授在地质知识方面的指导和帮助。在此，向给予本书大力支持和帮助的专家学者表示衷心感谢。

由于塔河油田碳酸盐岩测井处理解释的难度较大，笔者及其研究团队的成果、观点和认识可能存在不妥之处，敬请广大读者批评指正！

目　　录

1 塔河油田岩溶缝洞储集体类型

1.1 塔河油田岩溶缝洞储集体概况

塔河油田是世界上最大的岩溶缝洞型油藏,是中国第一个古生界海相亿吨级大油田。1997年,位于艾协克1号构造高部位的沙46井、沙47井和艾协克2号构造的沙48井相继在奥陶系获高产工业油气流,其中沙48井日产油450~570m³,连续3年累计产油50×10⁴t,成为国内著名的高产稳产井,实现了重大油气突破。至2018年底,塔河油田探明石油地质储量13.5×10⁸t,累计产油9418×10⁴t,油气资源十分丰富。目前已部署探井、评价井、开发井数百口,成为中国石化重要的油气生产基地。

塔河油田岩溶缝洞型油气藏位于奥陶系,深度在5400m以下,地层压力为60MPa左右,地层温度在125℃以上,属于高温高压深层碳酸盐岩油气藏。岩溶缝洞型油气藏的特征与孔隙型和裂缝—孔洞型碳酸盐岩油气藏的特征有着巨大的差异,除了发育裂缝和溶蚀孔洞之外,还发育大量的大型洞穴。洞穴、溶蚀孔洞和裂缝之间相互沟通形成复杂的岩溶缝洞系统,具有强烈的非均质性和多尺度性。

1.1.1 构造位置

塔河油田位于新疆维吾尔自治区南部的天山山脉和昆仑山山脉之间,塔里木盆地塔北隆起的高部位,构造上位于塔里木盆地北部,沙雅隆起阿克库勒凸起西南部,北部为雅克拉断凸,东部为草湖凹陷,东南部为满加尔坳陷,南临托果勒凸起,西部为沙西凸起(图1.1.1)。

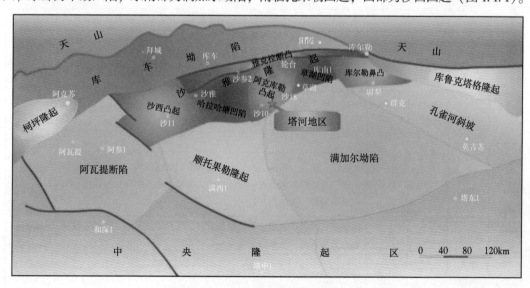

图 1.1.1 塔河油田构造位置示意图

1.1.2 地层分布

塔河油田地层自上而下包括新生界第四系、新近系、古近系，中生界白垩系、下侏罗统、三叠系，上古生界下石炭统和下古生界下奥陶统、中—上奥陶统，缺失志留系、泥盆系、上石炭统、二叠系和上侏罗统（表 1.1.1）。塔河油田的主要生油层位包括三叠系、石炭系、泥盆系和奥陶系，其中奥陶系古岩溶油气藏油气产量约占总产量的 73%。

表 1.1.1 塔河油田地层系统简表

地层		波组	代号	岩性特征	沉积相
三叠系	哈拉哈塘组		T_3h	上部深灰色泥岩、砂质泥岩夹浅灰色粉细砂岩；下部浅灰色中—细砂岩、粉砂岩与深灰色泥岩不等厚互层	辫状三角洲—滨浅湖相
	阿克库勒组		T_2a	上部深灰色、灰黑色泥岩与灰白色细砂岩、粉砂岩略等厚互层；下部为灰色、灰白色巨厚砂岩段夹灰绿色、深灰色泥岩	
	柯吐尔组	$—T_5^0—$	T_1k	深灰色泥岩、泥页岩夹灰色、灰绿色粉砂岩、细砂岩	
二叠系			P	安山岩、英安岩、玄武岩、凝灰岩及火山碎屑岩、砂岩、泥岩夹层	
石炭系	卡拉沙依组	$—T_5^6—$	C_1k1	上部棕褐色、褐灰色泥岩、粉砂质泥岩与灰色粉细砂岩不等厚互层；下部深灰色、棕褐色泥岩、粉砂质泥岩	扇三角洲相、潮坪相
	巴楚组		C_1b	顶部深灰色灰岩夹深灰色含膏泥岩，中上部为深灰色泥岩，下部以砂砾岩为主	潟湖—潮坪相
泥盆系	东河塘组	$—T_5^7—$	D_3d	灰色、灰白色细粒石英砂岩与绿灰色、棕褐深灰色泥岩、泥质粉砂岩、粉砂质泥岩、灰质泥岩不等厚互层	滨海沙坝、沙滩
志留系	柯坪塔格组	$—T_6^0—$	S_1k	灰绿色泥岩、棕色、灰色泥岩及粉砂质泥岩夹浅绿灰色岩屑石英砂岩	潮坪相
中—上奥陶统	桑塔木组	$—T_7^0—$	O_3s	上段灰绿色、暗棕色粉砂质泥岩，局部夹生屑灰岩及鲕粒灰岩。下段灰色泥晶灰岩与粉砂质泥岩互层	混积陆棚相
	良里塔格组		$O_{2-3}l$	第一岩性主要为褐灰色粉—细晶灰岩、角砾状生物灰岩，生物碎屑含量较高。第二岩性段为灰色白云质泥岩与泥质粉砂岩略等厚互层，顶部见一薄层灰质粉砂岩。第三岩性段上部浅褐灰色粉—细晶灰岩、粉晶鲕粒灰岩、泥微晶灰岩不等厚互层，夹灰色粉砂质泥岩、褐灰色粉砂岩，中部深灰色粉砂质泥岩、灰质粉砂岩与泥岩不等厚互层，下部灰褐色角砾状灰岩、细晶粒屑灰岩与粉砂岩	开阔台地相
	恰尔巴克组	$—T_7^4—$	O_2q	灰红色、紫红色、浅灰色泥灰岩、生屑灰岩，夹棕红色瘤状泥灰岩	广海陆棚相
下奥陶统	一间房组		O_1yj	黄灰色、灰色、褐灰色砂屑灰岩、含生物屑或鲕粒灰岩、泥微晶灰岩及细—粉晶灰岩，夹暗棕色燧石团块、层孔虫—海绵礁灰岩黄、藻粘结灰岩	台地—台缘相
	鹰山组		O_1y	浅褐灰色泥微晶灰岩、细—粉晶灰岩、亮晶砂屑灰岩，局部夹浅灰色白云质灰岩、灰质白云岩	
	蓬莱坝组		O_1p	浅灰色白云质灰岩、灰质白云岩	

1.1.3 构造特征

塔河油田经历了数次构造运动，在构造演化上基本分为三个阶段。

第一阶段处于加里东期—海西早期，为平稳地剥蚀抬升。加里东期为震旦纪—奥陶纪，最初塔里木盆地出现明显差异性沉降，内部凸起而边缘下降，整体上是向南方微微倾斜的宽阔平缓的台地式斜坡。之后出现了北东向的挤压作用，构造运动增强，盆地经历了沉降—抬升—沉降的反复变化，整体为抬升趋势。到了海西早期，塔里木陆壳东部和中天山孤岛产生碰撞，地壳发生强烈抬升，阿克库勒地区形成了一个大型鼻状凸起，向南西方向倾斜，此时位于隆起上的很多地层被严重剥蚀。在地壳抬升，地层受到强大剥蚀后形成的风化壳促进了大气水岩溶的形成和发育。

第二阶段处于海西晚期—印支期，为挤压地抬升。中天山板块和西昆仑及塔里木板块碰撞，从南向北方向进行挤压，形成了该区域最强的构造运动，地层再次强烈抬升，并受到强烈剥蚀。地区内部也有一定差异，在凸起高地区域，奥陶系鹰山组被三叠系直接覆盖，而有的区域还保留着石炭系—二叠系。到了印支期，塔里木盆地整体沉降，之后又发生板块急剧撞击情况，普遍发生剥蚀作用，不整合接触情况普遍发育。

第三阶段处于燕山期—喜马拉雅期，为调整定型。燕山期，塔里木板块和羌塘地体碰撞引发燕山构造运动，使三叠系和白垩系严重剥蚀。到了喜马拉雅期，发生剧烈的岩溶作用，强化和巩固了阿克库勒凸起构造的形成。

1.1.4 储层特征

塔河油田岩溶缝洞储集体岩性以石灰岩为主（占90%以上），见少量砂泥岩和白云岩等（图1.1.2）。在石灰岩中，以微晶灰岩、泥晶灰岩、泥微晶灰岩等为主，约占75%，主要由小于$4\mu m$的方解石组成，岩性非常致密。

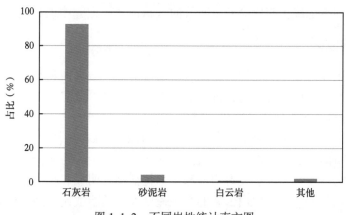

图1.1.2 不同岩性统计直方图

通过对4838块岩心的物性实验分析得出，岩心平均孔隙度仅为1.14%，其中孔隙度0~1%的岩心占72.75%，孔隙度1%~2%的岩心占20.45%；渗透率主要集中在1mD以下，占全部岩心的88.8%，物性极差。

地层原生孔隙不发育，普遍认为原生孔隙不能形成有效储层，主要依靠次生孔隙形成洞穴和裂缝改善物性。

1.2 岩溶作用

岩溶作为一种地表和地下构造形态，独特而复杂。溶蚀出的大型洞穴、交错连通的地形、奇异的排驱系统和坍塌构造，在其他地形中极少出现。其不光有以上描述的宏观特征，还有规模小到超细微的孔隙，目前对于这种完全由溶蚀所形成的非常奇特的系统还仅仅了解了其中一部分。

1.2.1 岩溶的定义

岩溶这一术语有非常广泛的含义，它包括所有的成岩作用特征——宏观的与微观的、地表的与地下的。这些特征形成于化学溶解和伴随的碳酸盐岩层系的变化过程中，也包括充填在溶解孔洞中的地下沉淀物（洞穴堆积）、垮塌角砾岩，以及沉淀在孔洞底部或充填在孔隙中的机械堆积的"内部沉积物"和地表石灰岩等。

广义的岩溶定义被许多碳酸盐岩岩石学家和地层学家所熟悉，其定义为岩溶是一种成岩相，是陆地上暴露于大气中的碳酸盐岩体上的一种印迹，是由碳酸钙在大气水中的溶解和运移所产生和控制的，可在多种气候和构造条件下发生，并且形成一种可加以辨识的地貌。

油气一般储存在古岩溶中，所谓古岩溶，就是被年轻的沉积物或沉积岩所埋藏的古代岩溶。

岩溶作用定义为凡含二氧化碳的地下水和地表水对可溶性碳酸盐岩的溶解、淋滤、侵蚀、搬运和沉积等一系列地质作用。

喀斯特是经常出现的词汇，那么喀斯特与岩溶是什么关系呢？喀斯特（KARST）即岩溶，"喀斯特"原是南斯拉夫西北部伊斯特拉半岛上的石灰岩高原的地名，意思是岩石裸露的地方，那里发育典型的岩溶地貌。中国是世界上对喀斯特地貌现象记述和研究最早的国家，早在晋代即有记载，明代徐宏祖所著的《徐霞客游记》中的记述最为详尽。

1.2.2 岩溶的成因

岩溶作用发生在岩石和水之间，因此岩石的可溶性、透水性和水的溶蚀性、流动性就成为岩溶发育的基本条件，此外还有古气候、古地质构造、岩溶发育时间等外部条件。

1.2.2.1 碳酸盐岩是岩溶形成的物质基础

岩溶作用和岩溶发育主要通过水对可溶性岩石的溶蚀作用而产生。在地质历史时期中，分布最广的可溶岩是碳酸盐岩，碳酸盐岩的化学成分、矿物成分和岩石的结构及岩石类型的组合等对岩溶发育速度、发育程度和发育特征都有明显影响。在常温状态，含高浓度的碳酸水介质条件下石灰岩比白云岩的溶蚀速度大，其溶蚀速度随方解石含量增加而增大。当石灰岩中裂缝发育时，沿裂缝发生溶蚀作用形成不均一的管道含水岩层，进而形成规模大的洞穴。

1.2.2.2 岩溶水的化学性质对岩溶发育的影响

岩溶水的溶蚀力是岩溶发育的必要条件，岩溶水的溶蚀力多取决于水的化学成分及不同性质的水的混合。一般来说，岩溶水的矿化度越低，水对岩石的溶蚀能力越强；岩溶水中的 CO_2 含量越高，对碳酸盐岩的溶蚀作用越大。在岩溶发育过程中，常常有两种不同化学性质的水、不同碳酸钙饱和的水、不同温度的水混合，混合后会增强水的溶蚀能力。这种混合溶蚀是岩溶地区溶蚀作用不可缺少的重要组成部分，它对浅部及深部岩溶的发育有重大的影响。

1.2.2.3 水动力条件对岩溶发育的影响

当岩溶水对碳酸盐岩进行溶蚀、侵蚀时，必须有水的运动和水的交替作用。由于水的流动，就会不断向岩溶化层内补充未饱和的水溶液使水的交替加快，并使不同条件、不同浓度的水溶液混合，变饱和溶液为不饱和溶液，使岩溶水不断产生溶蚀力，促使岩溶不断发育。岩溶发育受地下水补给、径流、排泄条件控制，在补给区，降水渗入地层补给地下水，地下水以垂向运动为主循环，深部岩溶不发育；在径流区，地下水除了垂向渗入外，以水平运动为主，岩溶发育有层状分布及垂向上有强弱分带的特征，有的强径流带可形成网络状连通性好的溶裂隙型的强岩溶带；在排泄区，区域地下水向泉群汇流。一般从补给区至排泄区的地下水运动的轨迹是一条向下凹的弧线，补给区至排泄区距离越大，弧线越长，岩溶发育的深度会越大，强度会越强。

1.2.2.4 地质构造对岩溶发育的影响

地质构造与古岩溶的发育关系十分密切。古岩溶发育常位于沉积间断面及不整合面附近。在构造运动强烈地区，一个地区的岩溶发育史受区域地质构造发展史控制，区域地质构造控制着岩溶分区、可溶性岩层展布及产状和岩溶地貌形态。地质构造特别是断层、裂缝为岩溶作用提供了地下水的渗透和运移的空间。

1.2.2.5 古气候条件对岩溶发育的影响

岩溶作用能否得到充分的发育取决于古气候条件。气候条件与降雨量、气温、二氧化碳含量等有关。最有利于岩溶发育的是炎热、潮湿的气候，在干燥气候条件下岩溶不发育。

1.2.2.6 时间条件对岩溶发育的影响

岩溶作用是一个缓慢的地质过程，特别是岩溶平原、大型岩溶洼地等形态，其发育需要较长的时间。一般来说，大陆沉积间断时间较短暂，岩溶发育的时间也较短。早期岩溶发育阶段，渗流带与浅饱水带之间的厚度可以很大，甚至达到数百米，溶洞之间的连通性较差；岩溶发育到老年期时，岩溶带的厚度相对变薄，这时数十米甚至更小溶洞之间连通性较好。

1.3 塔河油田岩溶缝洞储集体的孔隙空间

塔河油田奥陶系碳酸盐岩以微晶灰岩、泥晶灰岩为主，岩性非常致密，原生孔隙度很低。在这种情况下，能拥有丰富的油气资源，基本依靠次生孔隙空间。孔隙空间结构是碳酸盐岩储层最基本的特征，是区别于一般砂砾岩储层的本质所在。砂砾岩储层的孔隙空间以沉积时就存在或者产生的原生孔隙为主，而碳酸盐岩储层则是以成岩后的次生孔隙空间为主，孔隙空间结构远比砂砾岩的孔隙结构复杂得多。

岩溶作用导致地层的孔隙空间异常复杂，塔河油田的次生孔隙空间与其他地区的碳酸盐岩储层有明显不同，其由于受到强烈的岩溶作用，除了发育裂缝、溶蚀孔洞之外，还发育大量的大型洞穴，为油气的储存提供了大量的空间。要认识和解释岩溶缝洞储集体，最重要的也是最困难的问题就在于研究其孔隙空间。

1.3.1　洞穴

洞穴是塔河油田最典型、最重要也是最独特的孔隙空间，是勘探开发的首要目标，分析、识别和解释洞穴是塔河油田缝洞储集体研究的重要内容。

1.3.1.1　洞穴的形态

露头可以真实反映岩溶缝洞储集体的整体特征，特别是能观测到体积较大的洞穴的形态展布特征，这是在其他资料上无法完整观察到的。通过观察合适的露头，类比分析地下储层的发育情况，为地下缝洞储集体研究提供直观的资料。

河流是洞穴的一种主要形态。该类洞穴发育规模大，沿河呈管道状展布，可以分支分叉，形成干流河与支流河，组成管道网络。该类洞穴长度可以绵延数百米，洞穴的高度在不同的位置上会有不同（图 1.3.1）。

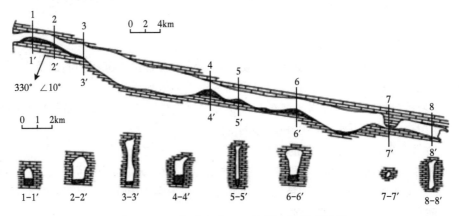

图 1.3.1　一间房组南 7km 沟单支管道型溶洞

纵向发育的洞穴是大气水沿裂缝溶蚀扩大形成的垂向洞穴，包括竖井、落水洞、漏斗、天坑等，其形态是向下发育的，在垂向上多呈圆形或近圆形。

还有一些孤立存在的洞穴，在岩溶作用进行过程中，水流不断集中，各种孔隙空间逐渐沟通或者合并的。在未沟通或者合并之前，如果局部岩溶水作用由于某些因素发生变化而终止，那么洞穴就会停止扩大沟通合并，而孤立地保存下来。孤立洞穴的形态较多，其中以椭球形为主。

1.3.1.2　洞穴的充填

洞穴内部由于不同的地质因素形成多种充填情况：未充填、机械沉积充填、垮塌沉积充填和化学沉积充填。

未充填是洞穴内部没有被固体物质充填，而是充填了流体（石油、天然气、水等）。未充填洞穴的孔隙空间由于受到洞穴坚硬石壁和中间一些钟乳石立柱等的支撑和保护而得到了很好的保存，具有良好的生产能力。

机械沉积充填是在流水作用和重力作用下在洞穴内部沉积形成砂泥物质充填。这种充填物具有流水冲刷和重力分异作用产生的层理以及分选性结构特征，成分复杂。机械沉积充填在塔河油田分布较广，是主要的充填类型之一。充填物颗粒间的孔隙是油气储集的有效空间。

　　垮塌沉积充填是在洞穴形成演化过程中，由于溶蚀坍塌原地堆积，地下河、地表径流和重力流搬运堆积形成，由洞顶和洞侧坍塌的角砾和少量外来成分的砂泥组成，其分布受到洞穴发育形态和尺度的限制，有分散和孤立的特点。角砾间的孔隙是油气储集的有效空间。

　　化学沉积充填是以化学沉淀方式沿溶洞壁向溶洞中心生长而形成的各种物质的溶洞充填，充填物包括白色粗晶或巨晶方解石、流石类灰岩和钙结岩，其成分主要为方解石。化学沉积充填洞穴的储集空间以晶间孔为主，基本不具有储渗性能，难以构成有效的储集空间，但它是发育洞穴的一种指示。

1.3.2　裂缝

　　塔河油田奥陶系普遍发育裂缝。裂缝是重要的储集空间和渗流通道，岩心是研究地下缝洞体的最直接证据。通过分析岩心中裂缝的发育情况，为裂缝参数测井解释模型建立提供依据。本书共收集整理了35口井的岩心裂缝资料，从裂缝倾角、裂缝宽度、裂缝充填程度和充填物等方面分析了裂缝的发育特征。

1.3.2.1　裂缝倾角

　　岩心显示不同倾角的裂缝均有一定发育，相比之下占比差异不大，没有主导的裂缝发育角度。其中，水平缝占比最多，为42%；其次为高角度缝，占34%；发育最少的是低角度缝，占24%（图1.3.2）。

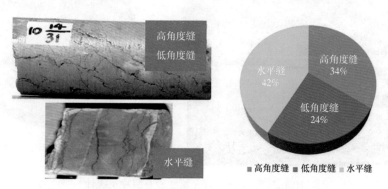

图1.3.2　不同倾角裂缝岩心照片及统计

1.3.2.2　裂缝宽度

　　岩心显示不同宽度的裂缝均有发育，其中小缝发育最多，占52%；其次为中缝，占41%；大缝发育最少，仅占7%（图1.3.3）。

图1.3.3　不同宽度裂缝岩心照片及统计

1.3.2.3 裂缝充填程度和充填物

岩心显示裂缝以有效缝为主，占61%；充填缝占39%（图1.3.4）。裂缝的充填物以方解石为主，占62%；其次为泥质，占35%，另有少量的黄铁矿等物质（图1.3.5）。

图1.3.4 不同充填程度裂缝岩心照片及统计

图1.3.5 不同裂缝充填物岩心照片及统计

1.4 测井尺度下的岩溶缝洞储集体类型

1.4.1 已有孔隙空间划分方法

塔河油田的岩溶孔隙空间体积差异非常大，小到微米级的微裂缝；大到纵向几十米的洞穴（图1.4.1），尺度差异达到百万倍。

在研究碳酸盐岩的孔隙空间时，不同的文献提出了各自针对孔隙空间分类方案，本书摘选了其中的4个文献（表1.4.1），文献中孔隙空间的名称和分类标准都不一样。如在油藏描述方法中，将洞穴命名为大溶洞、中等溶洞和小溶洞；在气藏描述方法中，将洞穴命名为巨洞、大洞、中洞和小洞。同样，对于裂缝的命名也不一致。

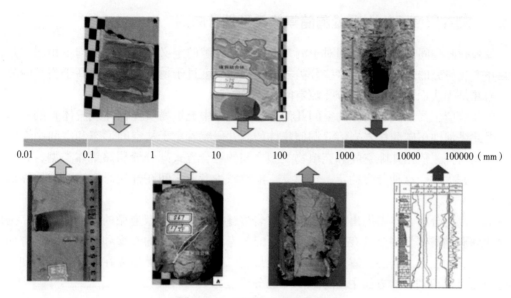

图 1.4.1　不同尺度的孔隙空间

表 1.4.1　洞穴、裂缝和孔隙定义和划分标准

《油藏描述方法 第 3 部分：碳酸盐岩 潜山油藏》		《气藏描述方法》		《测井资料处理与综合解释》				《裂缝性油（气） 藏探明储量计算细则》	
SY/T 5579.3—2008		SY/T 6110—2016		专著				SY/T 5386—2010	
大溶洞	>500	巨洞	>1000					洞穴	>500
中等 溶洞	10~500	大洞	100~1000						
		中洞	20~100						
小的 溶洞	2~10	小洞	2~20			粗大裂缝	>2		
宽缝	>1	特大缝	>1	大孔	0.5~2	中等裂缝	0.15~2	大孔隙	0.5~2
								中孔隙	0.25~0.5
				中孔	0.1~0.5			小孔隙	0.01~0.25
窄缝	0.01~0.1	小缝	0.01~0.1	细孔	0.01~0.1	微裂缝	<0.15		
微缝	0.0001~0.01	微缝	0.001~0.01	微孔	<0.01			微孔隙	<0.01
超微缝	<0.0001	超微缝	<0.001						

1.4.2　测井尺度下的岩溶缝洞储集体类型划分原则

各种孔隙空间分类方案之间对于洞穴、裂缝和孔隙的定义和划分标准均不相同，并且与测井方法研究的尺度相比，这些分类方案使用的尺度过于精细，其精度高于测井的分辨率，测井是无法识别出其中部分孔隙空间的。

测井响应主要取决于孔隙的空间几何形态和孔隙中充填物质（固体或流体）的物理性质，因此塔河油田碳酸盐岩岩溶缝洞储集体的测井研究着重于从空间形态和空间中充填物质上开展研究，依据孔隙空间和充填物类型之间的组合方式划分缝洞储集体类型，并说明其中的体积大小。这种分类约定一经建立，能够减少专业之间在开展研究时对地质体认识的差异。

基于以上分析，本书提出划分塔河油田岩溶缝洞储集体类型遵循的两个原则：一是划分出的缝洞储集体类型要具有地质意义，要充分考虑孔隙空间的类型和充填物，这方面重点参考已有的文献和岩心、露头等资料与成果；二是划分出的类型要在测井技术的划分能力范围内可以识别，这方面主要考虑测井的分辨能力。

1.4.3　测井尺度下的 6 种岩溶缝洞储集体类型

本书共确定 6 种缝洞储集体类型，分别为未充填洞穴型、砂泥充填洞穴型（主要对应机械沉积充填洞穴）、角砾充填洞穴型（主要对应垮塌沉积充填洞穴）、方解石充填洞穴型（主要对应化学沉积充填洞穴）、裂缝孔洞型和裂缝型。此处的洞穴型是以半径大于0.5m 的大型洞穴为主要孔隙空间的储集体类型，裂缝型是以裂缝为主要孔隙空间的储集体类型，裂缝孔洞型为半径小于 0.5m 的洞穴、溶蚀孔和裂缝等多种孔隙空间共同发育形成的储集体类型。孔隙空间类型与岩溶缝洞储集体类型之间的关系如图 1.4.2 所示，基于以上所有信息，整理出缝洞储集体类型统计表（表 1.4.2）。

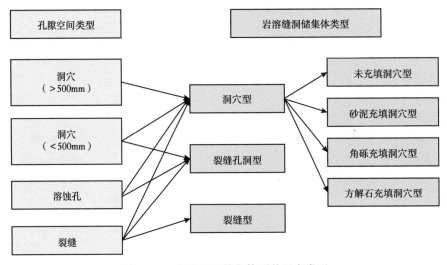

图 1.4.2　岩溶缝洞储集体测井尺度类型

表 1.4.2　缝洞储集体类型统计表

缝洞体类型		岩心	露头	成像
洞穴型	未充填	无取心		
	砂泥充填			
	角砾充填			
	方解石充填			
裂缝孔洞型				
裂缝型				

2 塔河油田岩溶缝洞储集体测井响应特征

测井响应特征是研究测井处理解释评价的基础，通过揭示不同洞穴和裂缝发育条件下的测井响应特征，了解缝洞储集体发育情况是测井研究中的一项重要内容，为缝洞储集体参数测井解释提供理论支持。

2.1 基于实测测井资料的缝洞储集体常规测井响应特征

基于实际测井资料分析得到测井响应特征是一种最普遍的方法，操作简单，易于实现，在所有测井相关的研究中均有涉及。本书第 1 章明确了测井尺度的塔河油田岩溶缝洞储集体类型，参考岩心、录井和生产等资料确定缝洞储集体类型样本，确定对应的深度段，刻度测井响应，统计分析各个缝洞储集体类型的测井响应的特征。

2.1.1 未充填洞穴型缝洞储集体测井响应特征

由于未充填洞穴保存了较大的空隙空间，其体积突破以往研究人员的常规认识，惊叹于在这么深的地下有这么大的没有充填岩石的洞穴。在钻井过程中钻遇未充填洞穴时，通常会有钻具放空、钻井液大量漏失等显示。由于这个孔隙空间可能大到超过测井仪器长度或者影响测井仪器的下降和上提，考虑到施工安全问题（仪器可能掉到洞穴中等），为了防止出现测井事故，很多井在钻遇到未充填洞穴时会停止测井，未充填洞穴型缝洞储集体的测井资料很少，完整的未充填洞穴型缝洞储集体的测井资料对于测井研究非常珍贵。

未充填洞穴型缝洞储集体的典型常规测井响应有以下特征：井径曲线会有明显的扩径；自然伽马值和无铀伽马值较上下致密层略有增大或保持不变（普遍小于 30API）；三孔隙度曲线与上下地层相比数值变化剧烈：声波时差测井值表现为极高时差，一般大于 $80\mu s/ft$，高值可达 $150\mu s/ft$；中子测井值表现为极高值，一般都在 15% 以上，高值可达 50%，密度测井值为极低值，一般小于 $1.8g/cm^3$；深浅双侧向测井值一般较低，普遍小于 $150\Omega \cdot m$，且表现为明显正差异，有时深侧向测井值会表现出非常高的值（图 2.1.1、图 2.1.2）。

2.1.2 砂泥充填洞穴型缝洞储集体测井响应特征

砂泥充填洞穴型缝洞储集体是塔河油田发育较多的一种洞穴型缝洞储集体，其内部充填砂泥岩，因此测井响应与砂泥岩地层的测井响应相似：一般在泥质含量较高的层段出现井径曲线的扩径现象；自然伽马值较上下洞穴之外的致密灰岩明显增大，最高可达 100API；三孔隙度曲线与洞穴之外的致密灰岩相比有明显变化：声波时差测井值表现为高时差，一般大于 $50\mu s/ft$，个别大于 $170\mu s/ft$；中子测井值表现为高值，有的井段甚至高达

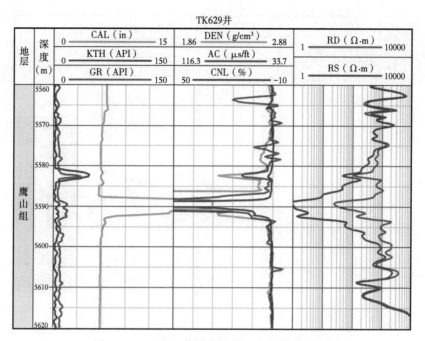

图 2.1.1　TK629 井测井响应（未充填洞穴型）

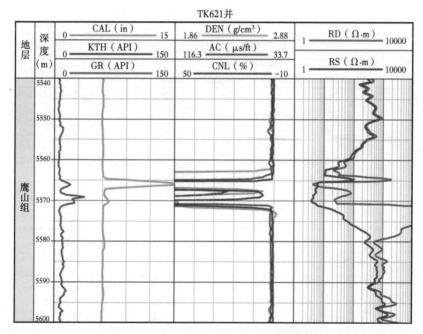

图 2.1.2　TK621 井测井响应（未充填洞穴型）

40%；密度测井值为低值，一般在 $2.06 \sim 2.64 \mathrm{g/cm^3}$ 之间；深浅双侧向测井值较低，一般小于 $180\Omega \cdot \mathrm{m}$（图 2.1.3、图 2.1.4）。

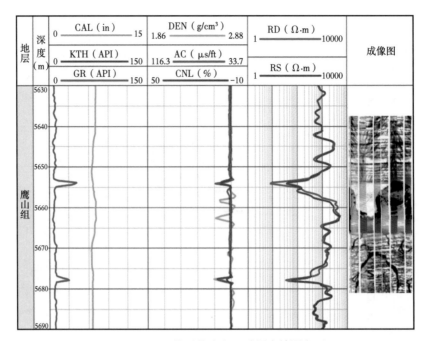

图 2.1.3　S74 井测井响应（砂泥充填洞穴型）

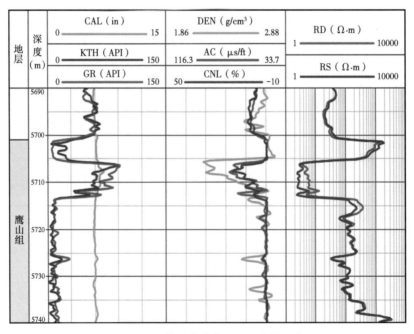

图 2.1.4　S81 井测井响应（砂泥充填洞穴型）

2.1.3　角砾充填洞穴型缝洞储集体测井响应特征

　　角砾充填洞穴型缝洞储集体是一种比较特殊的储层类型，在其他孔隙型、裂缝型和裂缝孔洞型等碳酸盐岩油气藏中鲜有发育过这种类型的储层，无已有研究成果可以借鉴。其典型的常规测井响应有以下特征：自然伽马值较上下致密灰岩略有增大，一般在 13～30API 之间；声波时差和中子测井值与致密灰岩相比有小幅度增大，声波时差为 48～57μs/ft；中子测井值一般在 0.3%～5.8%；密度测井值为低值，在 2.6～2.7g/cm³ 之间；深浅双侧向测井值较低，一般小于 160Ω·m（图 2.1.5）。

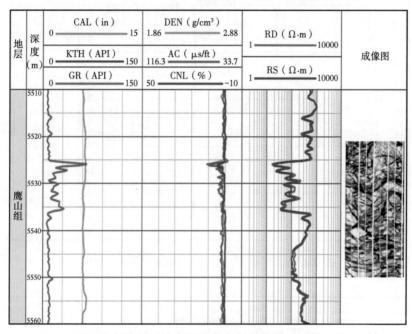

图 2.1.5　S75 井测井响应（角砾充填洞穴型）

2.1.4　方解石充填洞穴型缝洞储集体测井响应特征

方解石充填洞穴型缝洞储集体也是一种特殊的地层，其典型常规测井响应有以下特征：常规测井曲线与周围的致密灰岩的测井响应相似，只是岩性更纯，自然伽马值更低，基本小于 7API；深浅双侧向测井值更高，一般大于 20000Ω·m（图 2.1.6）。

2.1.5　裂缝孔洞型缝洞储集体测井响应

裂缝孔洞型缝洞储集体与洞穴型缝洞储集体相比，由于岩溶程度相对较弱，测井响应总体比洞穴型缝洞储集体测井响应幅度稍小，具体表现在自然伽马值与致密灰岩近似，一般在 5～13API 之间；声波时差和中子测井值与致密灰岩相比略有增大，声波时差为 50～55μs/ft，中子测井值一般在 0.8%～4% 之间；密度测井值相对较高，在 2.58～2.67g/cm³ 之间；深浅双侧向测井值较低，一般小于 400Ω·m（图 2.1.7）。

2.1.6　裂缝型缝洞储集体测井响应

裂缝型缝洞储集体是在致密灰岩上发育裂缝形成，溶蚀作用相对其他类型缝洞储集体来说是最弱的。典型测井响应特征主要表现为：自然伽马值与致密灰岩近似，一般在 8～15API 之间；声波时差和中子测井值与致密灰岩相比略有增大，声波时差为 48.5～

15

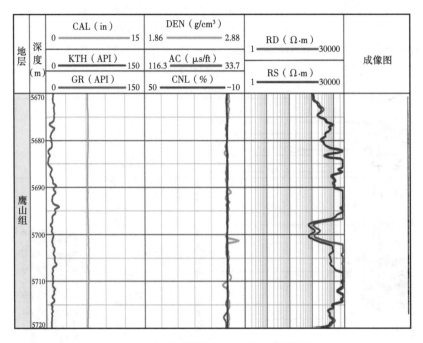

图 2.1.6 S75 井测井响应（方解石充填洞穴型）

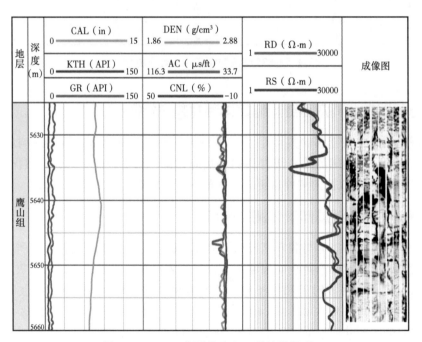

图 2.1.7 T752 井测井响应（裂缝孔洞型）

58.6μs/ft，中子测井值一般在 0～1% 之间；密度测井值相对稍高，在 2.67～2.71g/cm³ 之间；深浅双侧向测井值一般小于 500Ω·m（图 2.1.8）。

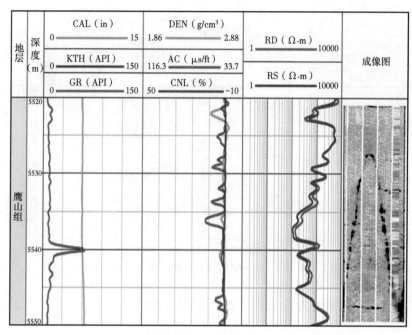

图 2.1.8　S66 井测井响应（裂缝型）

2.2　基于物理和数值模拟的洞穴双侧向测井响应特征

在现有的常规测井方法中，双侧向测井具有径向探测深度相对较深、对井周异常体相对敏感、应用广泛和成本低等特点。因此双侧向测井被大量用于识别和评价洞穴。

2.2.1　洞穴双侧向测井响应物理模拟方法

理论研究离不开物理实验研究的基础，物理实验研究能够对理论研究加以验证。以往可以应用井下取得的岩心进行实验，得到测井响应。但对于缝洞储集体，由于其发育体积相对较大，非均质性强，岩心无法反映出全部的缝洞储集体发育特征。因此研究设计一种实验室的缩小比例缝洞储集体物理模拟系统，通过将实验室仪器设备作用于缝洞储集体模型进行实验测试与观察，得到实验室物理模拟条件下的研究结论。

由于测井响应物理测试实验专业性极强，成熟的实验设备和产品经销商极少，此次研究自行研制和开发基于双侧向测井原理的缝洞储集体物理模拟系统。

该物理模拟系统最主要的组成部分有等效致密灰岩地层模型、等效洞穴模型和缩小比例双侧向测量系统（图 2.2.1）。

2.2.1.1　等效致密灰岩地层模型

构建 1 个体积足够大的水槽模拟致密灰岩地层，应用超低矿化度超纯水模拟高阻致密灰岩。应用液体模拟地层的方法具有任意调节洞穴发育位置和电阻率、方便更换洞穴模型等优点，特别适合进行电性的物理模拟。

超低矿化度超纯水模拟的是超高电阻率致密灰岩，通过融入 NaCl 增大液体矿化度可以控制提高液体电阻率，具有不同电阻率的液体可以模拟不同致密程度的石灰岩地层。

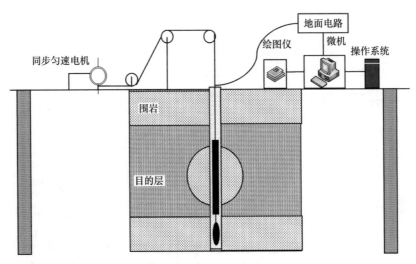

图 2.2.1 缩小比例缝洞储集体物理模拟系统示意图

NaCl 溶液矿化度与电阻率的关系（图 2.2.2）可表示为：

$$R_{wn} = 0.0123 + \frac{3647.54}{P_{wn}^{0.955}} \tag{2.2.1}$$

式中 R_{wn}，P_{wn}——分别代表 24℃条件下 NaCl 溶液的电阻率和矿化度。

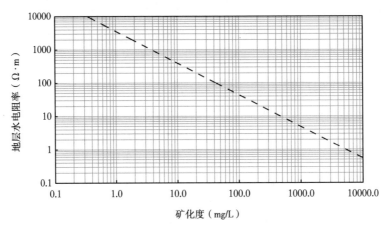

图 2.2.2 矿化度与电阻率理论关系图版

在任意温度条件下，NaCl 溶液矿化度与电阻率的换算公式表示为：

$$R_w = \frac{45.5 P_{wn}}{T + 21.5} \tag{2.2.2}$$

式中 R_w——任意温度 T（℃）的电阻率，$\Omega \cdot m$。

2.2.1.2 等效洞穴模型

等效洞穴模型采用石墨—水泥基复合混合材料放入模具中形成。等效洞穴模型的电阻率就是石墨—水泥基复合混合材料的电阻率，由复合材料中石墨的用量多少进行控制。石墨导电基本原理是导电粒子的相互接触和隧道传导效应，在石墨含量渗滤阈值的范围内，石墨含量越多，导电性能越好。通过试验，测试了石墨含量为 0、5%、10%、15% 和 20% 的五种石墨—水泥基复合混合材料的电阻率，不含石墨的水泥材料电阻率为 474.832Ω·m，石墨含量为 5% 时的电阻率为 109.613Ω·m，石墨含量为 10% 时的电阻率为 13.386Ω·m，石墨含量为 15% 时的电阻率为 1.253Ω·m，石墨含量为 20% 时的电阻率为 0.174Ω·m，石墨含量对复合材料的电阻率关系如图 2.2.3 所示。

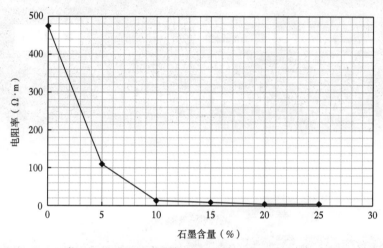

图 2.2.3　石墨—水泥基复合材料电阻率

等效洞穴模型的形态和体积由模具进行控制，球形等效洞穴模型是最常用的模型，也方便开展洞穴双侧向测井响应的数值模拟以及分析洞穴发育情况对双侧向测井响应的影响因素，图 2.2.4 展示了球形等效洞穴模型的实际情况。

图 2.2.4　球形等效洞穴模型实物图

2.2.1.3　缩小比例双侧向测量系统

缩小比例双侧向测量系统由地面检测设备和电极探头组成，其工作原理和恒功率与双侧向测井下井仪器相同。

SLL 实验室内双侧向地面检测系统的接口都在前面板和后面板上。前面板有电源开关、USB 通信接口、电流表和电压表；后面板有 220V 交流电压开关、电极探头接口、电机接口、刻度模拟盒插孔（图 2.2.5 至图 2.2.8）。

图 2.2.5　SLL 实验室内双侧向地面检测系统前面板

图 2.2.6　SLL 实验室内双侧向地面检测系统后面板

图 2.2.7　SLL 实验室内双侧向电极探头

　　SLL 实验室双侧向地面检测系统通过 USB 接口与计算机进行通信，通过配套软件可在计算机界面显示电极探头所测目标层的深浅侧向电阻率及绘制曲线。SLL 双侧向软件是一套独立的、完整的软件系统，它不但有自己的数据处理功能，还有完备的数据采集、硬件控制功能，既保证测量的安全、准确的要求，又尽量简化实际操作，满足人性化设计的需求（图 2.2.9）。其功能主要包括以下内容。

　　数据采集：软件系统采集硬件主系统获取的电阻率信息及辅助数据。

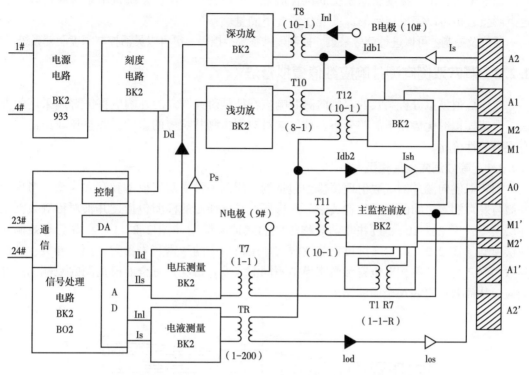

图 2.2.8 SLL1.0 实验室双侧向测井系统电路图

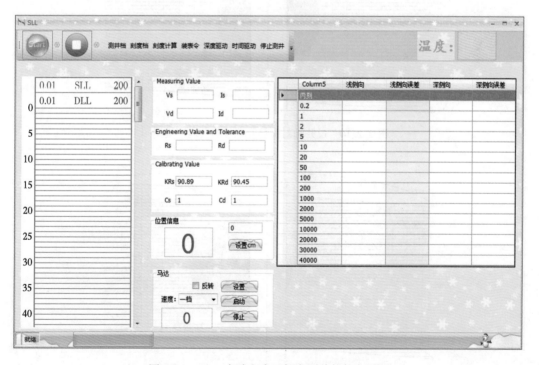

图 2.2.9 SLL 实验室内双侧向测井软件主界面

深度采集：采集深度驱动系统的位置信息，模拟测井的深度系统。本系统既可以完成定点测量，也可以完成连续的深度变化情况下测量。

通信及控制：可以进行信号采集，控制硬件系统换挡等，更可以灵活控制深度驱动系统。

2.2.2 洞穴双侧向测井响应数值模拟方法

应用数值模拟分析洞穴的双侧向测井响应特征是研究洞穴测井响应特征普遍采用的方法，数值模拟的优势在于能够分析多种因素对双侧向测井响应的影响，并且比较经济，具有很高的性价比。

2.2.2.1 等效洞穴地层模型

洞穴双侧向测井响应数值模拟模型包括洞穴周围的致密灰岩模型和洞穴模型。考虑到井筒与发育洞穴之间的相对位置关系，此次研究具体使用的模型包括过井轴对称等效洞穴地层模型（图2.2.10）、过井非轴对称等效洞穴地层模型（图2.2.11）和井旁等效洞穴地层模型（图2.2.12）。通过设定等效洞穴地层模型中的致密灰岩参数、洞穴参数、井眼参数和洞穴与井筒的相对位置参数来模拟不同洞穴发育情况，可全面模拟洞穴双侧向测井响应，从而获得更客观全面的结果。

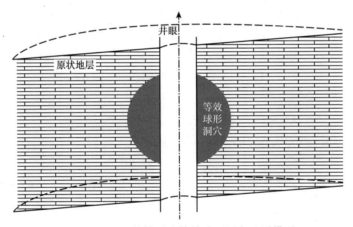

图 2.2.10 过井轴对称等效球型洞穴地层模型

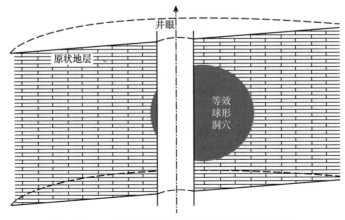

图 2.2.11 过井非轴对称等效球型洞穴地层模型

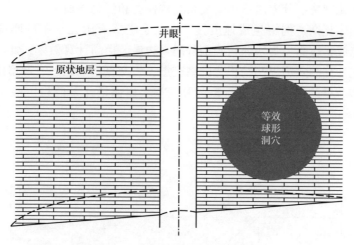

图 2.2.12　井旁等效球型洞穴地层模型

2.2.2.2　洞穴双侧向测井响应数值模拟方法

双侧向测井响应数值模拟可归结为稳流场计算问题，双侧向测井的电场问题可由微分方程描述。若用 U 表示电位，σ 表示介质的电导率，在柱坐标系 (r, ϕ, z) 下则有：

$$\frac{\partial}{\partial r}\left(\sigma r \frac{\partial U}{\partial r}\right) + \frac{\partial}{\partial \phi}\left(\frac{\sigma}{r} \frac{\partial U}{\partial \phi}\right) + r \frac{\partial}{\partial z}\left(\sigma \frac{\partial U}{\partial z}\right) = 0 \tag{2.2.3}$$

二维轴对称地层条件下，式（2.2.3）可简化为：

$$\frac{\partial}{\partial r}\left(\sigma r \frac{\partial U}{\partial r}\right) + r \frac{\partial}{\partial z}\left(\sigma \frac{\partial U}{\partial z}\right) = 0 \tag{2.2.4}$$

利用有限元方法，建立能量泛函，将偏微分方程定解问题转化成泛函取极值问题，所用到的泛函为：

$$\varPhi(U) = \varPhi_1(U) - \varPhi_2(U) \tag{2.2.5}$$

式中　$\varPhi_1(U)$——求解区消耗的功率；

　　　$\varPhi_2(U)$——电极所提供的功率。

$$\varPhi_1(U) = \pi \iint \sigma \left[\left(\frac{\partial U}{\partial r}\right)^2 + \left(\frac{\partial U}{\partial z}\right)^2\right] r \mathrm{d}r \mathrm{d}z \tag{2.2.6}$$

$$\varPhi_2(U) = \sum_E I_E U_E \tag{2.2.7}$$

式中　I_E，U_E——分别代表电极 E 的电流和电位。

对球形洞穴模型进行离散，利用式（2.2.5）结合边界条件，运用"前线解法"，实现双侧向测井响应快速求解。

为了对井眼、仪器结构与地层进行快速剖分，在双侧向测井响应数值模拟过程中往往采用结构化网格剖分方法。结构化网格剖分方法具有网格生成速度快、数据结构简单、易于实现等特点。但是结构化剖分难以精细剖分圆（球）形洞穴（图 2.2.13）等复杂地层边界。而非结构化网格剖分方法适用于复杂结构模型和任意连通区域的网格生成。但非结构化网格剖分程序复杂、网格生成速度慢，同时会造成有限元求解的刚度矩阵自由度较大，存储与计算成本较高。为快速精确剖分洞穴边界，提高计算效率，此次研究采用局部加密技术。首先计算洞穴边界与结构化网格交点，将交点添加到已有网格中，并采用局部换边方法对新增节点的局部区域进行检测和变换，以保证元素的稳定性与矩阵收敛（图2.2.14）。

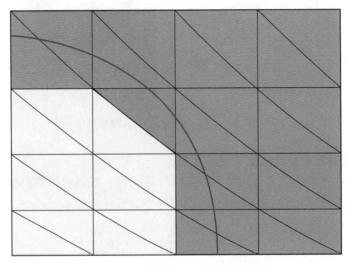

图 2.2.13　阶梯近似方法网格示意图

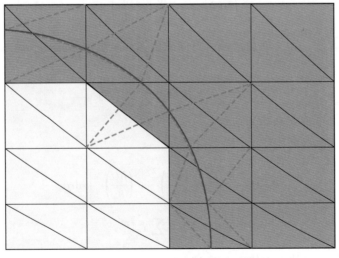

图 2.2.14　局部加密方法网格示意图

　　为验证局部加密方法计算精度与计算效率，对比了不同加密程度条件下结构化网格剖分与局部加密方法计算结果（表 2.2.1）。以结构化网格剖分洞穴剖分精度 98% 时为参考，计算结果表明：采用局部加密方法可在保证计算精度条件下极大减少了存储空间与计算时间，形成的刚度矩阵自由度为传统结构化网格剖分的 30%，相对计算时间仅为结构化网格剖分的 10%。

表 2.2.1　阶梯近似与边界局部加密方法对比

阶梯近似方法					局部加密方法				
剖分洞穴面积比例（%）	节点自由度	深侧向误差（%）	浅侧向误差（%）	相对计算时间（s）	剖分洞穴面积比例（%）	节点自由度	深侧向误差（%）	浅侧向误差（%）	相对计算时间（s）
85	3614	25.6	15.87	0.023	90	1864	8.75	6.73	0.0137
90	4309	3.53	3.94	0.033	95	2409	2.62	1.65	0.0205
95	9730	1.21	1.54	0.238	96	3587	2.24	1.10	0.0322
98	20895	—	—	1	98	4410	0.17	0.23	0.0427

为了检验洞穴双侧向测井数值模拟三维有限元程序的准确性，可以将模型略做修改如下：将洞穴内介质电阻率设成致密灰岩电阻率，这样电极系周围的模型介质便具有了旋转对称性，三维问题简化成二维子午面上的问题。分别用二维程序和三维程序模拟相同的直井均匀地层，将模拟结果进行对比。

图 2.2.15 中横坐标为纵向上测井仪器主电极中心距洞穴中心的深度，纵坐标为三维有限元模拟结果与二维有限元模拟结果的相对误差，r_a 为洞穴半径，r_{off} 为洞穴中心距井轴距离，单位都为 m。分析结果表明：各采样点相对误差率均在 1% 以内，说明三维程序计算结果是准确可靠的。在三维模拟结果中，有一种现象需要说明：对于直井均匀地层的模拟，三维程序的深浅侧向电阻率曲线并不完全是一条直线，各采样点数据之间略微有起伏，在测井曲线上表现为"毛刺"现象，这是由网格划分引起的。对于直井均匀地层，二维有限元程序中每个采样点的网格划分是一样的；而三维有限元程序中，由于洞穴与每个采样点的相对位置是变化的，所以需要重新进行二次网格划分，造成记录点数据间略微有差异，但误差可控。

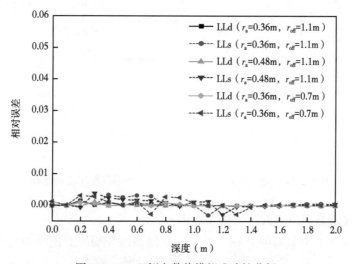

图 2.2.15　双侧向数值模拟准确性分析

当井轴经过洞穴中心时，三维洞穴型地层可简化为二维情况，球形洞穴、井眼、地层，以及仪器关于井轴呈轴对称。图 2.2.16 和图 2.2.17 给出了洞穴半径分别为 0.5m 和 5.0m 时，仪器经过洞穴中心的二维和三维程序的双侧向测井响应计算结果，其中 r_a 为洞穴半径，D_h 为井径，R_{mf} 为钻井液电阻率，R_{fill} 为洞穴填充物电阻率，R_b 为致密灰岩电阻率。计算结果表明洞穴半径较大和较小时，二维和三维程序计算结果均吻合，从而进一步验证三维洞穴程序的正确性。

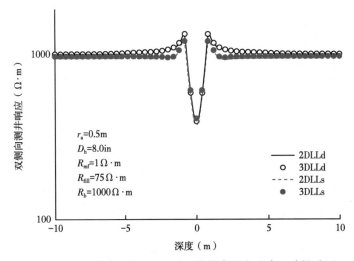

图 2.2.16　洞穴半径为 0.5m 时三维井旁洞穴程序正确性验证

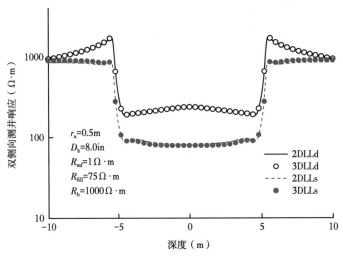

图 2.2.17　洞穴半径为 5.0m 时三维井旁洞穴程序正确性验证

2.2.2.3　数值模拟结果与物理测试结果对比

图 2.2.18 所示为图 2.2.4 中 1~5 号洞穴双侧向测井响应数值模拟与物理实验结果对比图。其中，1~3 号洞穴的半径为 9.25cm，4~5 号洞穴的半径为 5.00cm。从图中可以看出，物理测试与数值模拟结果变换规律相同，且深浅侧向测井视电阻率对应性高，从而验证了数值模拟的正确性。洞穴存在导致深浅侧向视电阻率明显降低，且在洞穴中心处双侧

向测井响应值最小；井旁洞穴深浅侧向响应变化一致，且两者幅度差较小。

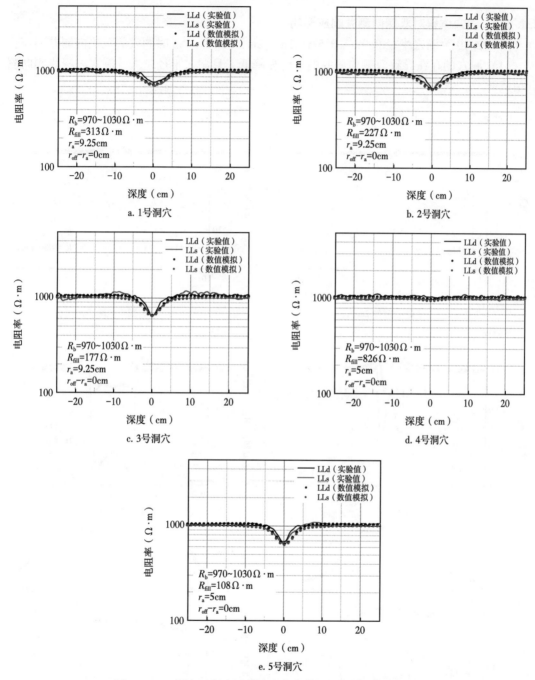

图 2.2.18 洞穴双侧向测井响应物理模拟与数值模拟对比图

综上所述，洞穴双侧向测井响应物理与数值模拟结果对应性高，验证了数值模拟的正确性。下面利用数值模拟系统研究不同洞穴尺寸、充填类型，以及洞穴发育位置的洞穴双侧向测井响应特征。

2.2.3 过井轴对称洞穴双侧向测井响应

2.2.3.1 洞穴体积对双侧向测井响应影响

图 2.2.19 为洞穴半径 0.2m、0.5m、1m、2m、5m 和 10m 时洞穴的双侧向测井响应：

（1）洞穴的存在导致双侧向测井响应明显降低，且洞穴半径越大，洞穴内深浅侧向测井值越低。

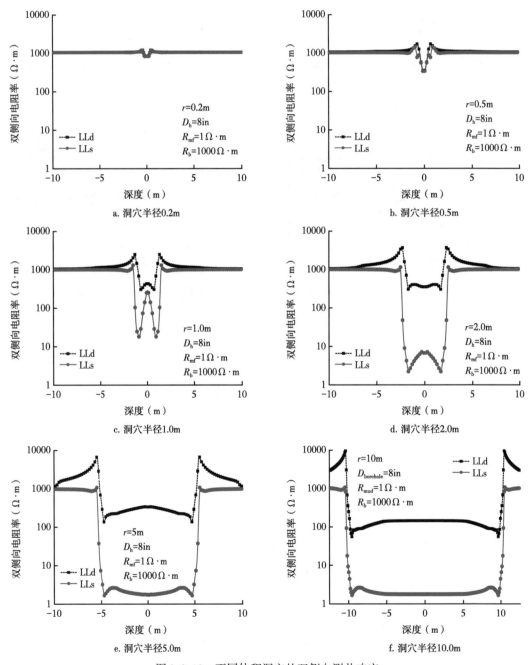

图 2.2.19　不同体积洞穴的双侧向测井响应

（2）不同洞穴半径条件下，洞穴内深浅侧向测井响应形态不同。当洞穴半径小于0.5m时，双侧向测井响应对洞穴不敏感；随着洞穴半径增大，深浅侧向测井视电阻率迅速下降，且深侧向电阻率大于浅侧向电阻率呈明显正差异；当洞穴半径大于5m时，深浅侧向电阻率保持不变，且浅侧向电阻率可较好反映洞穴电阻率真实信息。

（3）双侧向测井仪器靠近洞穴时，受球形洞穴边界影响，在洞穴与基岩纵向交界面处，深侧向测井响应明显大于致密灰岩电阻率，且随着洞穴半径的增大而增大，洞穴半径小于1m时，交界面处深侧向测井值随洞穴半径的变化基本保持不变；浅侧向测井探测深度浅受洞穴边界影响较小，边界处不同洞穴半径的浅侧向测井响应基本保持不变。仪器进入洞穴后深浅侧向测井响应均快速减小，据此可用于确定洞穴上下边界。

图2.2.20为洞穴中心处深浅侧向测井响应与洞穴半径的关系，随着半径的增大深浅侧向测井值不断降低；洞穴半径小于0.5m时，深浅侧向测井曲线幅度差异很小，随着半径的增大深浅侧向测井曲线幅度差迅速增大，洞穴半径大于5m后幅度差缓慢变小；洞穴半径小于2m时浅侧向测井值迅速减小，深侧向测井值变化较小。

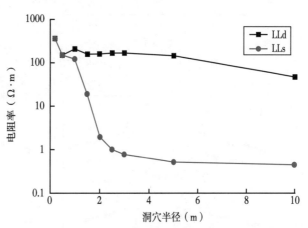

图2.2.20　洞穴中心深浅双侧向电阻率与洞穴半径之间的关系

2.2.3.2　致密灰岩电阻率对双侧向测井响应影响

图2.2.21至图2.2.25为不同致密灰岩电阻率时双侧向测井响应，致密灰岩电阻率分别为$50\Omega \cdot m$、$100\Omega \cdot m$、$200\Omega \cdot m$、$500\Omega \cdot m$和$1000\Omega \cdot m$，致密灰岩电阻率越大，说明致密灰岩越致密。

（1）当洞穴较小（小于1.0m）时，致密灰岩越致密，深侧向和浅侧向测井响应值越大；

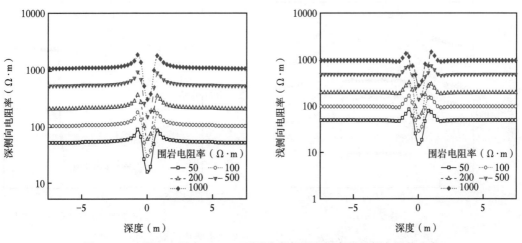

图2.2.21　洞穴半径为0.5m，不同致密灰岩电阻率的双侧向测井响应

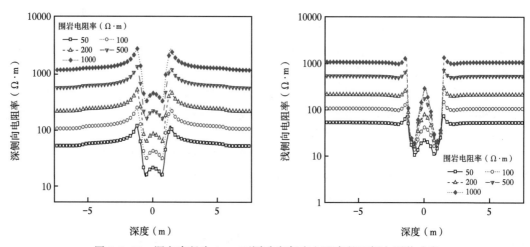

图 2.2.22　洞穴半径为 1m，不同致密灰岩电阻率的双侧向测井响应

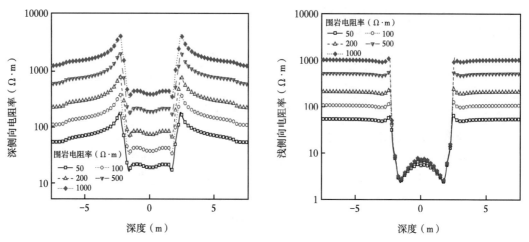

图 2.2.23　洞穴半径为 2m，不同致密灰岩电阻率的双侧向测井响应

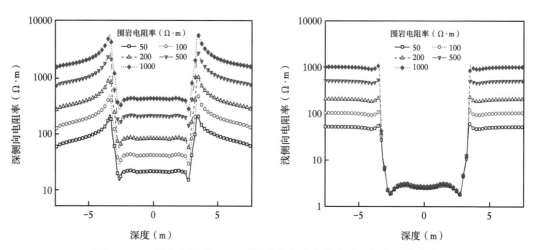

图 2.2.24　洞穴半径为 3m，不同致密灰岩电阻率的双侧向测井响应

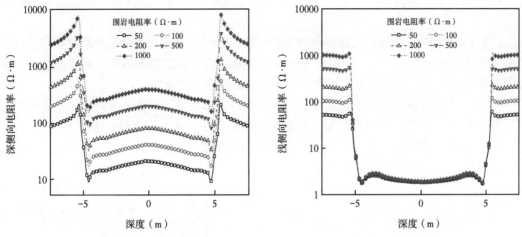

图 2.2.25　洞穴半径为 5m，不同致密灰岩电阻率的双侧向测井响应

②随着洞穴半径增大，浅侧向测井响应随致密灰岩致密程度变化的幅度变小；

③当洞穴半径大于 2.0m 时，浅侧向测井响应几乎不受致密灰岩致密程度的影响，而深侧向测井响应受致密灰岩影响较大，依然是致密灰岩越致密，深侧向测井响应值越大。

2.2.3.3　洞穴充填物对双侧向测井响应影响

图 2.2.26 为不同洞穴充填物对双侧向测井响应：

（1）无论对于深侧向测井还是浅侧向测井，都是随着洞穴充填物电阻率的增大而增大；

（2）浅侧向测井响应更接近于洞穴内部充填物的电阻率；

（3）随着致密灰岩电阻率和洞穴内充填物电阻率降低，洞穴界面处响应异常变小。

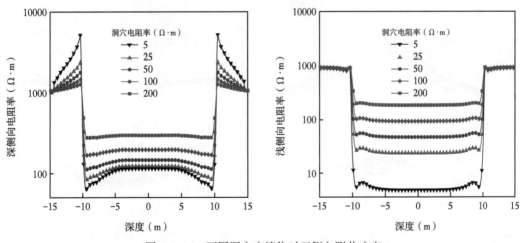

图 2.2.26　不同洞穴充填物时双侧向测井响应

2.2.4　过井非轴对称洞穴双侧向测井响应

2.2.4.1　井眼钻穿不同洞穴位置对双侧向测井响应影响

图 2.2.27 和图 2.2.28 为井眼钻穿半径为 1.0m（代表小型洞穴）和 5.0m（代表大型洞穴）洞穴不同位置时的双侧向测井响应：

（1）洞穴中心到井轴的垂直距离较小时，双侧向测井响应曲线形态和幅度基本保持不变；

（2）r_{off}较大时，大型洞穴深侧向测井响应曲线形态发生变化，浅侧向测井响应曲线形态基本不变，小型洞穴（$r_a = 1.0$m）深侧向测井响应曲线形态基本不变，浅侧向测井因其探测范围浅受小型洞穴边界影响严重，测井响应曲线形态变化较大；

（3）在井眼与洞穴交界附近，浅侧向测井响应基本不变，深侧向测井响应随着井眼距洞穴中心距离r_{off}的增大而迅速降低，井眼与洞穴交界处测井响应逐渐平缓；

（4）双侧向测井仪器进入洞穴后，深浅侧向测井值均迅速降低，据此只能判断井眼与洞穴交界面，难以准确判断洞穴尺寸。

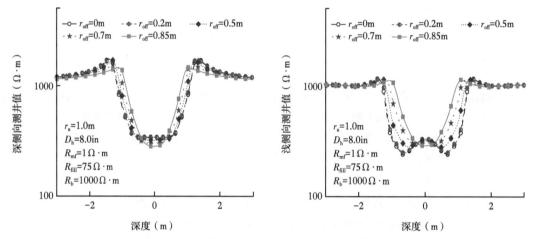

图 2.2.27　不同钻穿位置时洞穴半径 1.0m 时的双侧向测井响应

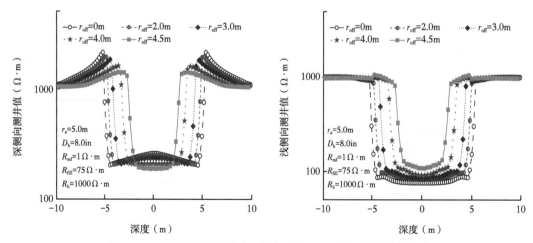

图 2.2.28　不同钻穿位置时，洞穴半径 5.0m 的双侧向测井响应

2.2.4.2　井眼钻穿洞穴长度对双侧向测井响应影响

图 2.2.29 为井眼钻穿洞穴长度相同时不同体积洞穴双侧向测井响应：

（1）仪器靠近洞穴时，深侧向测井响应逐渐增大，浅侧向测井响应基本保持不变；

（2）仪器进入洞穴后不同洞穴半径条件的双侧向测井响应均迅速降低，井眼钻穿洞穴长度相同，不同洞穴半径条件下双侧向测井值的下降位置基本一致，测井响应对井眼与洞穴纵向交界处敏感；

（3）随着洞穴半径的增大，交界面处双侧向测井响应逐渐变平缓，洞穴内深浅侧向视电阻率随洞穴半径增大而降低；

（4）井眼与洞穴交点距离 l 相同洞穴半径不同时，深侧向测井响应曲线形态基本不变：$l=1.0$m 时不同洞穴半径的浅侧向测井响应形态不同，且洞穴半径越小，浅侧向测井受洞穴边界影响越大，$l=3.0$m 时由于洞穴半径远大于浅侧向测井探测范围，不同洞穴半径的浅侧向测井响应形态保持不变，视电阻率基本重合。

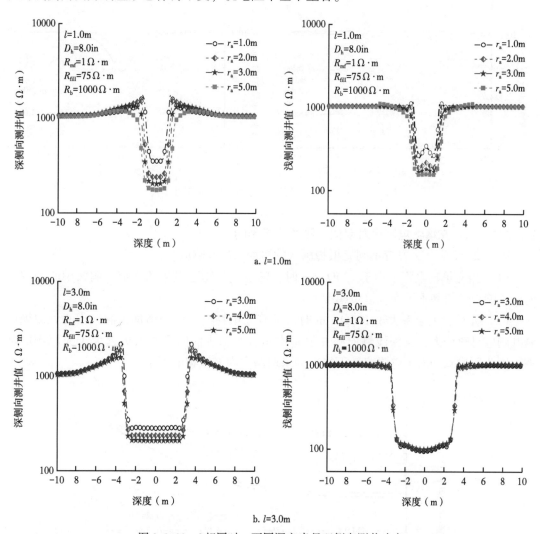

a. $l=1.0$m

b. $l=3.0$m

图 2.2.29　l 相同时，不同洞穴半径双侧向测井响应

2.2.5　井旁洞穴双侧向测井响应

2.2.5.1　洞穴体积对双侧向测井响应影响

图 2.2.30 为井旁发育 0.5m、1.0m、2.0m、3.0m 和 5.0m 半径洞穴时双侧向测井响应：

（1）井旁洞穴的存在使双侧向测井响应明显降低，且洞穴半径越大双侧向测井响应越低；

（2）随着深度的增加深浅侧向测井值先减小后增大，双侧向测井响应在洞穴中心位置达到最低值，呈开口向上的抛物线形，且深浅侧向测井响应曲线形态一致；

（3）仪器靠近洞穴时，在洞穴上下界面处深侧向测井响应缓慢降低，根据深侧向测井响应最低值 R_{LLdmin} 和最高值 R_{LLdmax}，利用经验公式 $R_{\text{LLdmax}} - (R_{\text{LLdmax}} - R_{\text{LLdmin}}) \times 0.1$ 计算临界深度位置，可大致确定井旁洞穴上下界面及洞穴尺寸信息。

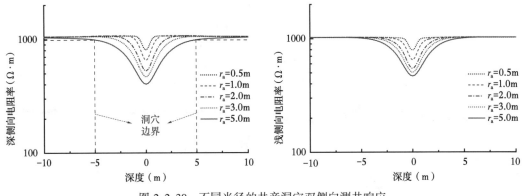

图 2.2.30　不同半径的井旁洞穴双侧向测井响应

2.2.5.2　洞穴充填物电阻率对双侧向测井响应影响

图 2.2.31 为井旁发育不同充填物洞穴的双侧向测井响应。

（1）当充填物电阻率小于 $100\Omega \cdot m$ 时，随着充填物电阻率的增加，洞穴中心处双侧向测井响应数值基本不变，呈负幅度差；

（2）充填物电阻率大于 $100\Omega \cdot m$ 时，随着充填物电阻率的增加，洞穴中心处双侧向测井响应迅速增大，且深浅侧向测井值基本重合。深浅侧向测井值远远大于充填物电阻率，因此通过双侧向视电阻率值不能准确求取洞穴内充填物电阻率；

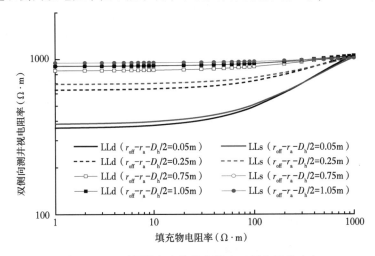

图 2.2.31　不同洞穴充填物电阻率双侧向测井响应

（3）双侧向测井响应值远大于洞穴内充填物电阻率，洞穴内充填物电阻率对双侧向测井响应贡献小，表明不能通过双侧向测井响应直接获得井旁洞穴内充填物电阻率真实信息。

2.2.5.3　洞穴边界与井壁距离对双侧向测井响应影响

由上述研究可知，井旁洞穴双侧向测井响应主要受洞穴尺寸和洞穴内充填物的影响，实际中还需要考虑井旁洞穴发育位置的不同对曲线响应幅度等影响。假设井眼直径为 8in，双侧向测井仪器主电极中心与洞穴中心处于同一深度，井内钻井液电阻率 R_{mf} 为 $1\Omega\cdot m$，洞穴内充填物电阻率 R_{fill} 为 $1\Omega\cdot m$，基岩电阻率 R_b 为 $1000\Omega\cdot m$。随着洞穴左边界到井壁的距离（$r_{off}-r_a-r_h$）不断增大，洞穴半径分别为 0.5m、1.0m、2.0m、3.0m、5.0m 时深浅侧向测井响应如图 2.2.32 所示。

（1）随着洞穴远离井壁，双侧向测井响应均迅速增大，且浅侧向测井值增大速度明显高于深侧向测井值。

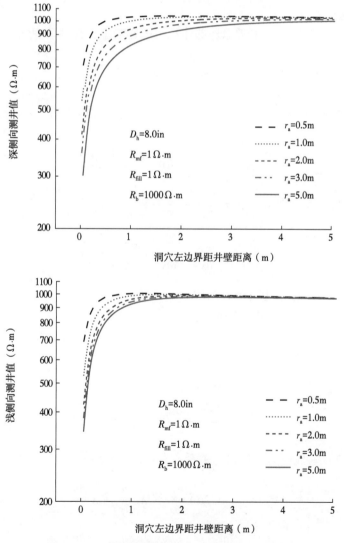

图 2.2.32　井旁位置对洞穴双侧向测井响应影响

（2）对于深侧向测井，当洞穴距井壁距离大于 2.0m 后，测井响应基本趋于致密灰岩电阻率并保持不变。对于浅侧向测井，当洞穴距井壁距离大于 1.0m 后，视电阻率不再发生变化。

（3）洞穴位置固定时，随着洞穴半径的增大，深侧向测井响应值不断减小，浅侧向测井视电阻率先迅速减小后基本保持不变，这是由于浅侧向测井探测范围小所形成的。

2.3　基于数值模拟的井旁洞穴远探测声波测井响应特征

基于塔河油田古岩溶储层空间展布表征及地质模型，建立井旁洞穴声波数值模型，模拟不同尺度、不同背景基质洞穴的声场特征。

2.3.1　洞穴远探测声波数值模拟方法

2.3.1.1　弹性波动方程

根据运动学平衡方程，在不考虑外部体积力的影响下，弹性动力学方程可以表示为：

$$\rho \frac{\partial^2 \boldsymbol{u}_i}{\partial t^2} = \tau_{ij,j} \tag{2.3.1}$$

在笛卡尔坐标系下，将式（2.3.1）分解成关于速度和应力的一阶微分形式，有：

$$\rho \frac{\partial^2 u_x}{\partial t^2} = \frac{\partial \tau_{xx}}{\partial x} + \frac{\partial \tau_{xy}}{\partial y} + \frac{\partial \tau_{xz}}{\partial z}(+f_x) \tag{2.3.2}$$

$$\rho \frac{\partial^2 u_y}{\partial t^2} = \frac{\partial \tau_{yx}}{\partial x} + \frac{\partial \tau_{yy}}{\partial y} + \frac{\partial \tau_{yz}}{\partial z}(+f_y) \tag{2.3.3}$$

$$\rho \frac{\partial^2 u_z}{\partial t^2} = \frac{\partial \tau_{zx}}{\partial x} + \frac{\partial \tau_{zy}}{\partial y} + \frac{\partial \tau_{zz}}{\partial z}(+f_z) \tag{2.3.4}$$

式中　u_x、u_y 和 u_z——分别为三个方向的位移分量；

τ_{xx}、τ_{yy} 和 τ_{zz}——分别表示正应力；

τ_{xy}、τ_{xz}、τ_{yx}、τ_{yz}、τ_{zx} 和 τ_{zy}——分别表示相应方向的切向应力。

根据均匀各向同性弹性介质的胡克定律和应变—位移关系：

$$\begin{cases} \sigma_{ij} = \lambda \theta \delta_{ij} + 2\mu \varepsilon_{ij} \\ \varepsilon_{ij} = \frac{1}{2}\left(\frac{\partial u_i}{\partial x_j} + \frac{\partial u_j}{\partial x_i} \right), \ i,j = 1,2,3 \end{cases} \tag{2.3.5}$$

将式（2.3.3）写成应力—位移的关系，有：

$$\tau_{xx} = (\lambda + 2\mu) \frac{\partial u_x}{\partial x} + \lambda \frac{\partial u_y}{\partial y} + \lambda \frac{\partial u_z}{\partial z} \tag{2.3.6}$$

$$\tau_{yy} = \lambda \frac{\partial u_x}{\partial x} + (\lambda + 2\mu) \frac{\partial u_y}{\partial y} + \lambda \frac{\partial u_z}{\partial z} \tag{2.3.7}$$

$$\tau_{zz} = \lambda \frac{\partial u_x}{\partial x} + \lambda \frac{\partial u_y}{\partial y} + (\lambda + 2\mu) \frac{\partial u_z}{\partial z} \qquad (2.3.8)$$

$$\tau_{yz} = \mu \left(\frac{\partial u_y}{\partial z} + \frac{\partial u_z}{\partial y} \right) \qquad (2.3.9)$$

$$\tau_{xz} = \mu \left(\frac{\partial u_x}{\partial z} + \frac{\partial u_z}{\partial x} \right) \qquad (2.3.10)$$

$$\tau_{xy} = \mu \left(\frac{\partial u_y}{\partial x} + \frac{\partial u_x}{\partial y} \right) \qquad (2.3.11)$$

联立式（2.3.2）至式（2.3.4）和式（2.3.6）至式（2.3.11），可以得到速度—应力所表示的弹性波动方程组微分形式（λ 和 μ 为 Lamé 常数）：

$$\rho \frac{\partial v_x}{\partial t} = \frac{\partial \tau_{xx}}{\partial x} + \frac{\partial \tau_{xy}}{\partial y} + \frac{\partial \tau_{xz}}{\partial z} (+ f_x) \qquad (2.3.12)$$

$$\rho \frac{\partial v_y}{\partial t} = \frac{\partial \tau_{yx}}{\partial x} + \frac{\partial \tau_{yy}}{\partial y} + \frac{\partial \tau_{yz}}{\partial z} (+ f_y) \qquad (2.3.13)$$

$$\rho \frac{\partial v_z}{\partial t} = \frac{\partial \tau_{zx}}{\partial x} + \frac{\partial \tau_{zy}}{\partial y} + \frac{\partial \tau_{zz}}{\partial z} (+ f_z) \qquad (2.3.14)$$

$$\frac{\partial \tau_{xx}}{\partial t} = (\lambda + 2\mu) \frac{\partial v_x}{\partial x} + \lambda \frac{\partial v_y}{\partial y} + \lambda \frac{\partial v_z}{\partial z} \qquad (2.3.15)$$

$$\frac{\partial \tau_{yy}}{\partial t} = \lambda \frac{\partial v_x}{\partial x} + (\lambda + 2\mu) \frac{\partial v_y}{\partial y} + \lambda \frac{\partial v_z}{\partial z} \qquad (2.3.16)$$

$$\frac{\partial \tau_{zz}}{\partial t} = \lambda \frac{\partial v_x}{\partial x} + \lambda \frac{\partial v_y}{\partial y} + (\lambda + 2\mu) \frac{\partial v}{\partial z} \qquad (2.3.17)$$

$$\frac{\partial \tau_{yz}}{\partial t} = \mu \left(\frac{\partial v_y}{\partial z} + \frac{\partial v_z}{\partial y} \right) \qquad (2.3.18)$$

$$\frac{\partial \tau_{xz}}{\partial t} = \mu \left(\frac{\partial v_x}{\partial z} + \frac{\partial v_z}{\partial x} \right) \qquad (2.3.19)$$

$$\frac{\partial \tau_{xy}}{\partial t} = \mu \left(\frac{\partial v_y}{\partial x} + \frac{\partial v_x}{\partial y} \right) \qquad (2.3.20)$$

为了简化起见，将以上速度—应力所表示的弹性波动方程组微分形式写成矩阵的形式，可以表示为：

$$\begin{cases} \rho \, \dfrac{\partial V}{\partial t} = D\boldsymbol{\Gamma} \\ \dfrac{\partial \boldsymbol{\Gamma}}{\partial t} = CD^{\mathrm{T}}V \end{cases} \qquad (2.3.21)$$

其中：

$$V = (v_x, v_y, v_z)^{\mathrm{T}} \qquad (2.3.22)$$

$$\boldsymbol{\Gamma} = (\tau_{xx}, \tau_{yy}, \tau_{zz}, \tau_{yz}, \tau_{xz}, \tau_{xy})^{\mathrm{T}} \qquad (2.3.23)$$

$$D = \begin{bmatrix} \dfrac{\partial}{\partial x} & 0 & 0 & 0 & \dfrac{\partial}{\partial z} & \dfrac{\partial}{\partial y} \\ 0 & \dfrac{\partial}{\partial y} & 0 & \dfrac{\partial}{\partial z} & 0 & \dfrac{\partial}{\partial x} \\ 0 & 0 & \dfrac{\partial}{\partial z} & \dfrac{\partial}{\partial y} & \dfrac{\partial}{\partial x} & 0 \end{bmatrix} \qquad (2.3.24)$$

$$C = \begin{bmatrix} \lambda + 2\mu & \lambda & \lambda & 0 & 0 & 0 \\ \lambda & \lambda + 2\mu & \lambda & 0 & 0 & 0 \\ \lambda & \lambda & \lambda + 2\mu & 0 & 0 & 0 \\ 0 & 0 & 0 & \mu & 0 & 0 \\ 0 & 0 & 0 & 0 & \mu & 0 \\ 0 & 0 & 0 & 0 & 0 & \mu \end{bmatrix} \qquad (2.3.25)$$

2.3.1.2 弹性波方程的差分格式和离散化

将式（2.3.12）至式（2.3.20）以交错网格的方式进行离散处理，一阶弹性波动方程组的差分格式如下：

$$\rho_{i,j+1/2,k} D_t v^n_{x_{i,j+1/2,k}} = D_x \tau^n_{xx_{i,j+1/2,k}} + D_y \tau^n_{xy_{i,j+1/2,k}} + D_z \tau^n_{xz_{i,j+1/2,k}} \qquad (2.3.26)$$

$$\rho_{i+1/2,j,k} D_t v^n_{y_{i+1/2,k}} = D_x \tau^n_{yx_{i+1/2,k}} + D_y \tau^n_{yy_{i+1/2,j,k}} + D_z \tau^n_{yz_{i+1/2,j,k}} \qquad (2.3.27)$$

$$\rho_{i+1/2,j+1/2,k+1/2} D_t v^n_{z_{i+1/2,j+1/2,k+1/2}} = D_x \tau^n_{zx_{i+1/2,j+1/2,k+1/2}} + D_y \tau^n_{zy_{i+1/2,j+1/2,k+1/2}} + D_z \tau^n_{zz_{i+1/2,j+1/2,k+1/2}}$$
$$(2.3.28)$$

$$D_t \tau^{n+1/2}_{xx_{i+1/2,j+1/2,k}} = (\lambda + 2\mu)_{i+1/2,j+1/2,k} D_x v^{n+1/2}_{x_{i+1/2,j+1/2,k}} + \lambda_{i+1/2,j+1/2,k} D_y v^{n+1/2}_{y_{i+1/2,j+1/2,k}} + \lambda_{i+1/2,j+1/2,k} D_z v^{n+1/2}_{z_{i+1/2+1/2,k}}$$
$$(2.3.29)$$

$$D_t \tau^{n+1/2}_{yy_{i+1/2,j+1/2,k}} = \lambda_{i+1/2,j+1/2,k} D_x v^{n+1/2}_{i+1/2,j+1/2,k} + (\lambda + 2\mu)_{i+1/2,j+1/2,k}$$
$$D_y v^{n+1/2}_{y_{i+1/2,j+1/2,k}} + \lambda_{i+1/2,j+1/2,k} D_z v^{n+1/2}_{z_{i+1/2,j+1/2,k}} \qquad (2.3.30)$$

$$D_t \tau^{n+1/2}_{zz_{i+1/2,j+1/2,k}} = \lambda_{i+1/2,j+1/2,k} D_x v^{n+1/2}_{x_{i+1/2,j+1/2,k}} + \lambda_{i+1/2,j+1/2,k} D_y v^{n+1/2}_{y_{i+1/2,j+1/2,k}} + (\lambda + 2\mu)_{i+1/2,j+1/2,k} D_z v^{n+1/2}_{z_{i+1/2,j+1/2,k}}$$
$$(2.3.31)$$

$$D_t\tau^{n+1/2}_{yz_{i+1/2,j,k+1/2}}=\mu_{i+1/2,k+1/2}D_zv^{n+1/2}_{y_{i+1/2,j,k+1/2}}+\mu_{i+1/2,j,k+1/2}+D_yv^{n+1/2}_{z_{i+1/2,k+1/2}} \tag{2.3.32}$$

$$D_t\tau^{n+1/2}_{xz_{i,j+1/2,k+1/2}}=\mu_{i,j+1/2,k+1/2}D_zv^{n+1/2}_{x_{i,j+1/2,k+1/2}}+\mu_{i,j+1/2,k+1/2}D_xv^{n+1/2}_{z_{i,j+1/2,k+1/2}} \tag{2.3.33}$$

$$D_t\tau^{n+1/2}_{xy_{i,j,k}}=\mu_{i,j,k}D_yv^{n+1/2}_{x_{i,j,k}}+\mu_{i,j,k}D_xv^{n+1/2}_{y_{i,j,k}} \tag{2.3.34}$$

从以上差分格式可以看出，在应力和速度迭代过程中，拉梅系数 λ 和剪切模量 μ、弹性体密度 ρ 都会随着空间网格节点的变化而变化，不要同时更新。μ 采用相邻区域四个节点的调和平均数，而 ρ 则采用相邻网格的两个节点的算术平均值，这样就能保证固液交界面的剪切模量为 0，对于 λ 则不采用这种空间平均方案。计算的具体表达式为：

$$\rho_{i,j+1/2,k}=\frac{\rho_{i+1/2,j+1/2,k}+\rho_{i-1/2,j+1/2,k}}{2} \tag{2.3.35}$$

$$\rho_{i+1/2,j,k}=\frac{\rho_{i+1/2,j+1/2,k}+\rho_{i+1/2,j-1/2,k}}{2} \tag{2.3.36}$$

$$\rho_{i+1/2,j+1/2,k+1/2}=\frac{\rho_{i+1/2,j+1/2,k+1}+\rho_{i+1/2,j+1/2,k}}{2} \tag{2.3.37}$$

$$\frac{4}{\mu_{i+1/2,j,k+1/2}}=\frac{1}{\mu_{i+1/2,j+1/2,k}}+\frac{1}{\mu_{i+1/2,j+1/2,k+1}}+\frac{1}{\mu_{i+1/2,j-1/2,k}}+\frac{1}{\mu_{i+1/2,j-1/2,k+1}} \tag{2.3.38}$$

$$\frac{4}{\mu_{i,j+1/2,k+1/2}}=\frac{1}{\mu_{i+1/2,j+1/2,k}}+\frac{1}{\mu_{i+1/2,j+1/2,k+1}}+\frac{1}{\mu_{i-1/2,j+1/2,k}}+\frac{1}{\mu_{i-1/2,j+1/2,k+1}} \tag{2.3.39}$$

$$\frac{4}{\mu_{i,j,k}}=\frac{1}{\mu_{i+1/2,j+1/2,k}}+\frac{1}{\mu_{i-1/2,j+1/2,k}}+\frac{1}{\mu_{i+1/2,j-1/2,k}}+\frac{1}{\mu_{i-1/2,j-1/2,k}} \tag{2.3.40}$$

2.3.1.3　声源设置

波动方程中也包含了声源项，声源的类型和加载方式是否合理关系到整个数值模拟计算的精度和准确性，在有限差分数值模拟中是一个非常重要的环节。一般在声场的数值模拟中，往往是将声源看作在空间某一点的激励，本书所选取的声源函数是以高斯函数为基础，通过对其求导来实现单极声源的模拟，高斯函数时域表达式如下：

$$f(t)=-2xTe^{-xT^2},\ T=t-t_s \tag{2.3.41}$$

式中　x——决定脉冲响应的幅度参数；

t_s——时移参数。

对高斯函数求取一阶导数，则有：

$$f(t)=-2x(1-2xT^2)e^{-xT^2} \tag{2.3.42}$$

设置声源的中心频率为 f_0，那么可取脉冲响应的幅度 $x=f_0^2/0.01512$，当 $f(t)=0$ 时，取 $t_s=1.5/f_0$。一阶导数可用来模拟单极声源（爆炸源）。如图 2.3.1 为本书中所使用的所有声源的时域波形（红线）和幅度谱（蓝线），声源的中心频率为 8kHz。

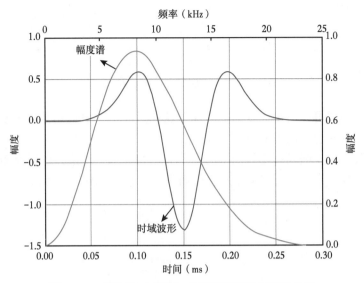

图 2.3.1 爆炸源（单极）的时域波形和幅度谱曲线

2.3.2 洞穴偶极横波远探测声场响应

2.3.2.1 井旁单个洞穴偶极横波远探测声场响应

（1）偶极横波反射声场随洞穴直径的变化规律。

固定洞穴距离井轴 10m，洞穴直径分别为 50cm、100cm 和 150cm，模拟地层背景为致密灰岩，洞穴充填物为泥岩。

如图 2.3.2 至图 2.3.4 所示，成像结果较好地刻画了洞穴轮廓，同时，由于反射体尺度影响也引起了斑状成像结果。

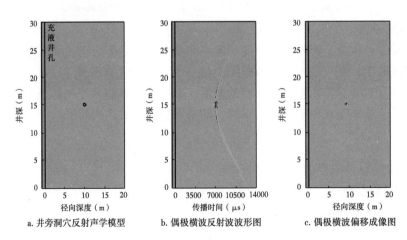

a. 井旁洞穴反射声学模型　　b. 偶极横波反射波形图　　c. 偶极横波偏移成像图

图 2.3.2 洞穴直径 $D=50$cm

（2）偶极横波反射声场随洞穴离井距离的变化规律。

固定洞穴直径为 150cm，离井距离分别为 7.5m、22.5m 和 37.5m，模拟地层背景为石灰岩岩性，洞穴充填物为泥质。如图 2.3.5 至图 2.3.7 所示，距离逐渐增加，偏移成像的洞穴轮廓越模糊，距离增加导致反射波幅度较小。

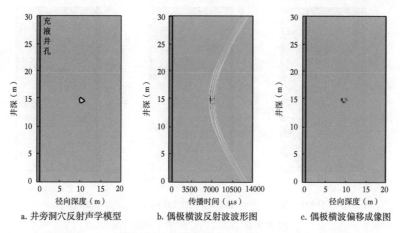

a. 井旁洞穴反射声学模型　　　b. 偶极横波反射波波形图　　　c. 偶极横波偏移成像图

图 2.3.3　洞穴直径 D = 100cm

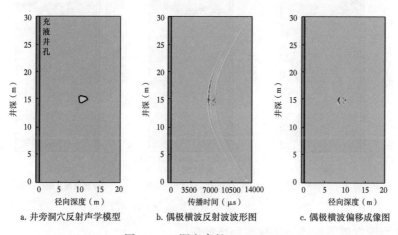

a. 井旁洞穴反射声学模型　　　b. 偶极横波反射波波形图　　　c. 偶极横波偏移成像图

图 2.3.4　洞穴直径 D = 150cm

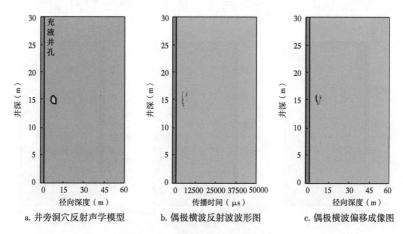

a. 井旁洞穴反射声学模型　　　b. 偶极横波反射波波形图　　　c. 偶极横波偏移成像图

图 2.3.5　洞穴离井距离 Z = 7.5m

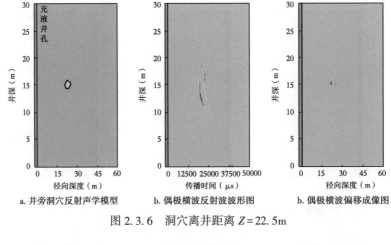

a. 井旁洞穴反射声学模型   b. 偶极横波反射波形图   b. 偶极横波偏移成像图

图 2.3.6   洞穴离井距离 $Z = 22.5$m

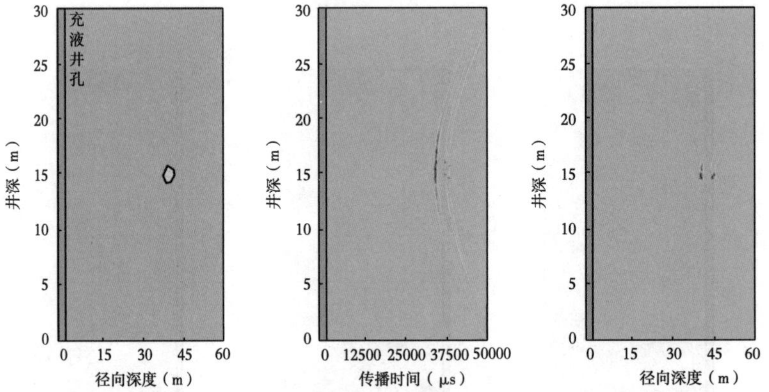

a. 井旁洞穴反射声学模型   b. 偶极横波反射波形图   c. 偶极横波偏移成像图

图 2.3.7   洞穴离井距离 $Z = 37.5$m

2.3.2.2   井旁洞穴群偶极横波远探测声场响应

实际碳酸盐岩地层中，往往存在多个洞穴，形成了发育的洞穴群，由多个不同尺度的单个洞穴组成。为此，固定洞穴个数为 50 个，组成洞穴群的直径分别为 0.1m、0.5m 和

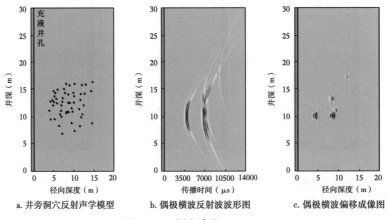

a. 井旁洞穴反射声学模型   b. 偶极横波反射波形图   c. 偶极横波偏移成像图

图 2.3.8   洞穴直径 $D = 0.1$m

1m，模拟地层背景为石灰岩岩性，洞穴填充物为泥质。如图 2.3.8 至图 2.3.10 所示，随着洞穴尺度的增加，反射波的能量越大，"串珠"现象愈发明显，这种现象在碳酸盐地层中非常普遍，地震上已将"串珠"现象作为识别碳酸盐地层洞穴的指标。

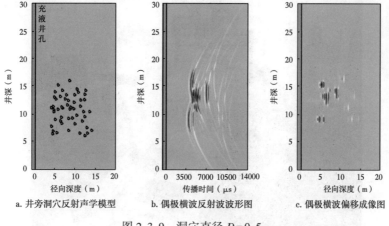

a. 井旁洞穴反射声学模型　　　b. 偶极横波反射波形图　　　c. 偶极横波偏移成像图

图 2.3.9　洞穴直径 $D=0.5m$

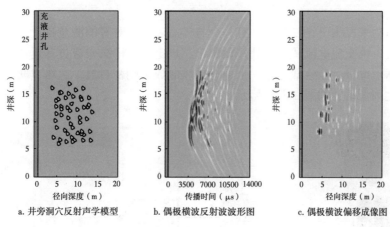

a. 井旁洞穴反射声学模型　　　b. 偶极横波反射波形图　　　c. 偶极横波偏移成像图

图 2.3.10　洞穴直径 $D=1m$

2.4　基于物理和数值模拟的裂缝微电阻率扫描成像测井响应

2.4.1　裂缝微电阻率扫描成像测井响应物理模拟方法

本次实验采用美国 NER 公司的 Autoscan-Ⅱ System 电磁多参数平面扫描成像测量系统。该岩心扫描仪可以做全耦合岩心或台面岩样扫描，装置有一个 X—Y 测试平台，用于将测试探头定位在岩心上。多个探头安装在一个由高精度计算机控制的 XY 台面上。岩石物性测量在一个较大的扫描范围内按用户定义的网格、线距和/或小于 0.1mm 的间距进行。测试/扫描定位和数据采集完全由计算机自动控制。该岩心扫描仪如图 2.4.1

所示。

图 2.4.1　Autoscan-Ⅱ System 电磁多参数平面扫描成像试验系统

仪器的电阻率探头（图 2.4.2）有一个与样品表面正对着的测量探针，一旦与样品接触，测量时，一束交流电流从探针处释放出来，该电流从样品中流过并返回到位于探针尖端外径上半球形电极，黑色部分是一个由硅橡胶制成顶端密封器，它可以防止电流在探针尖端和样品之间流动，如图 2.4.3 所示。

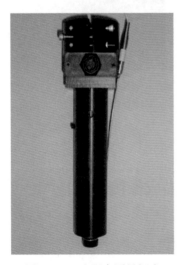

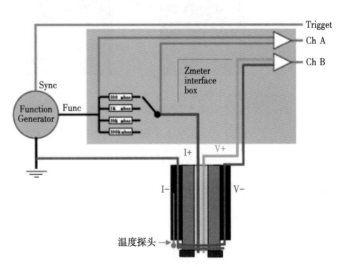

图 2.4.2　电阻率测量探头　　　　图 2.4.3　电阻率电极原理电路示意图

样品的电阻率由以下公式确定：

$$Z_{\text{sample}} = G_{\text{o}} R_{\text{ref}} (V_{\text{probe}}/V_{\text{ref}}) + z \tag{2.4.1}$$

式中　Z_{sample}——样品电阻率；

G_o——与探针内径和外径有关的函数的几何因子；

R_{ref}——附加电阻的电阻率；

V_{probe}——探头处的电压；

V_{ref}——附加电阻的电压；

z——由于电流流过自由流体（井内部的流体和样品与 V 电极之间的流体）而造成的影响。

由于在一般情况下，式（2.4.1）中的 $z \ll Z_{sample}$，因此可以忽略不计，此时样品的电阻率由以下公式确定：

$$Z_{somple} = G_o R_{ref} \; (V_{probe} / V_{ref}) \tag{2.4.2}$$

为了获得准确的几何因子，使用电阻率已知的均匀岩心代替样品以经验法来确定，因为即使是均质的岩心，但是由于探头自动扫描在规模上是不均匀的，为了获得统计学上对测量平均值的估计，在岩心上面一个中心区域，选择3×3 或 4×4 网格进行测量。于是通过测量的值获得一个集合因子值：

$$G_0 = \frac{Z_{core}}{R_{ref} \; (V_{probe} / V_{ref})} \tag{2.4.3}$$

获得了 G_0，仪器通过自带的校正程序对这个假定的 G_0 进行校正。

清洁和完全饱和的样品是理想的，因为只有在这些条件下（100%盐水饱和）得出可靠的解释结果。当对部分饱和的样品进行测量时，操作人员应该知道，测量体积在样品剖面中是一个很重要的因素，而且一般情况下都比较小，对于顶部密封器的水平电阻抗敏感性强。探测渗透率的样品的准备基本上取决于实验的目的，当测量原始的或部分饱和的岩心时，探针响应是与饱和度、流体性质、测量路径下其他外来的固体的存在有关。探针响应对几何形状、顶部密封器的影响敏感，因此，最好把样品做成规则的和表面平整的。标准探头的设计并不适合用于曲面上（即整个岩心），如果样品曲率对顶部密封器有干扰，那么就会产生一个系统误差。

2.4.2 裂缝微电阻率扫描成像测井响应数值模拟方法

微电阻率扫描成像测井响应的数值模拟可以采用有限差分法和有限元素法。这两种方法是在工程上应用已十分成熟的数值计算方法。有限元素法的网格设置非常灵活，可以用任意形状的网格对区域进行分割，不受区域形状的限制，可以根据区域形状和场函数的需要疏密有致地分布节点；有限差分法的网格设置虽不像有限元素法那样灵活，但它对计算机的要求不高，计算过程简单。

2.4.2.1 电场分布

考虑到裂缝电测井响应数值模拟的复杂性，此次研究采用有限元素法，使用 COMSOL 模拟软件进行三维数值模拟计算。模拟过程在全井眼里进行，同时考虑井眼、地层和仪器。

微电阻率扫描成像测井测量响应的数值模拟其核心是求解仪器测量过程中供电电流在地层中的电场分布。微电阻率扫描成像测井仪的供电电流可以处理为稳定电流场。

供电电流在地层介质中形成的电位场函数 $u \; (r, z, \varphi)$ 应满足拉普拉斯（Laplace）

微分方程：

$$\frac{1}{r}\frac{\partial}{\partial r}\left(\sigma r\frac{\partial u}{\partial r}\right)+\frac{1}{r^2}\frac{\partial}{\partial \varphi}\left(\sigma r\frac{\partial u}{\partial \varphi}\right)+\frac{\partial}{\partial z}\left(\sigma\frac{\partial u}{\partial z}\right)=0 \qquad (2.4.4)$$

式中　u——电位；

　　　r，z，φ——柱状坐标。

边界条件为：在仪器上，每个电极都是等位面，同时有一定的电流条件，故要满足如下等位面边界条件：在电扣电极表面 S_1、金属极板表面 S_2 和推靠器中心支架棒表面 S_3 上，分别满足：

$$\begin{cases} u\,|_{s_1}=cs_1 \\ \iint\limits_{s_1}\frac{1}{\rho}\frac{\partial u}{\partial n}=I_1 \end{cases} \qquad (2.4.5)$$

$$\begin{cases} u\,|_{s_2}=cs_2 \\ \iint\limits_{s_2}\frac{1}{\rho}\frac{\partial u}{\partial n}=I_2 \end{cases} \qquad (2.4.6)$$

$$\begin{cases} u\,|_{s_3}=cs_3 \\ \iint\limits_{s_3}\frac{1}{\rho}\frac{\partial u}{\partial n}=I_3 \end{cases} \qquad (2.4.7)$$

式中　c——系数；

　　　ρ——电阻率。

在回路电板表面 S_4 上，满足：

$$\begin{cases} u\,|_{s_4}=cs_4 \\ \iint\limits_{s_4}\frac{1}{\rho}\frac{\partial u}{\partial n}=-I_1-I_2-I_3 \end{cases} \qquad (2.4.8)$$

式中　I_1——电扣电极电流；

　　　I_2——金属极板电流；

　　　I_3——推靠器中心支架电流。

在极板陶瓷块表面和仪器绝缘外套表面上，应满足：

$$\frac{\partial u}{\partial n}=0 \qquad (2.4.9)$$

在仪器外边界上，应满足：

$$\begin{cases} u\,|_{z=\infty}=0 \\ u\,|_{r=\infty}=0 \end{cases} \qquad (2.4.10)$$

2.4.2.2　均匀地层模型的建立

模拟了圆柱体的地层，极板处于井壁内边界柱上（图 2.4.4）。仪器外壳处于井内不同半径的圆柱面上。由于支架棒表面产生的电流为直流分量，一般在信号处理中通常被滤掉，故此次建模没有考虑中心支架棒。

（1）结构参数。

极板长 320mm；弧面宽 80mm，弧面曲率半径 101mm；电扣直径 4mm；绝缘外套长 1375mm，直径 102mm；回路电极长 635mm，直径 102mm。

（2）电测量参数。

电扣电流 200μA；供电电流 0.8A。

（3）地层参数。

地层电阻率 1000Ω·m；钻井液电阻率 0.1Ω·m。

2.4.2.3 网格划分

理论已证明，网格或网格节点的疏密和分布方式直接影响到模拟计算结果的精度。如图 2.4.5 所示，此次研究中采取的网格划分规则是：在电扣、极板及地质特征事件附近网格要密；远离它们，网格要逐渐稀疏。

2.4.2.4 实验测量与数值模拟对比

从野外露头采集岩样，打磨制备成实验所需的平面岩心，用盐水浸泡 3 天时间后，进行物理测试。

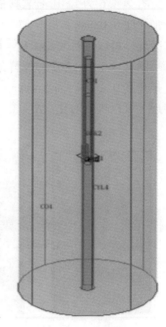

图 2.4.4　地层模型

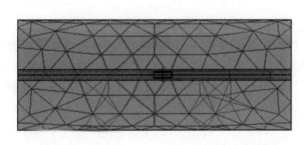

图 2.4.5　网格划分图

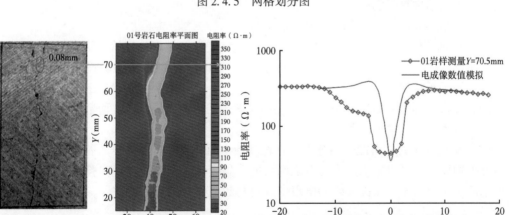

图 2.4.6　LF01 号岩样电阻率物理实验与数值模拟对比

图 2.4.6 为 LF01 号岩样的物理实验与数值模拟对比图，该岩样发育未充填直缝，裂缝张开度 0.08mm。当 $Y = 70.5$mm 时，沿 X 轴方向测量，基本与电成像水平裂缝模拟的方式接近。可以进行对比。$R_m = 0.34\Omega \cdot m$，$R_{xo} = 335\Omega \cdot m$，裂缝宽度 0.08mm。

图 2.4.7 为 LF02 号岩样的物理实验与数值模拟对比图，该岩样发育未充填直缝，裂缝张开度 0.2mm。当 $Y = 18$mm 时，沿 X 轴方向测量，基本与电成像水平裂缝模拟的方式接近。可以进行对比。$R_m = 0.34\Omega \cdot m$，$R_{xo} = 292\Omega \cdot m$，裂缝宽度 0.2mm。

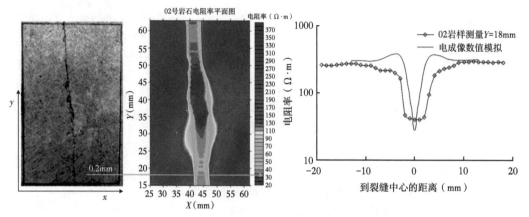

图 2.4.7　LF02 号岩样电阻率物理实验与数值模拟对比

从图 2.4.6 和图 2.4.7 可以看出，数模结果与实验测量结果对比在总体趋势上是一致的，在纽扣电极正对裂缝中心处，数值模拟测量的电阻率和实验测得的电阻率相差不大，在裂缝离纽扣电极较远的时候，数值模拟和实验测量的结果非常接近，说明数值模拟和实验测量结果对比效果较好。对于在靠近裂缝处数值模拟与实验测量结果存在差异的情况，通过数模理论及实验测量仪器原理的分析，可知在裂缝处对比效果不是很一致的原因主要有以下几个方面：

（1）实验测量的电阻率扫描探头的内径为 3mm，外径 1cm，探头的结构与电成像仪器的纽扣电极的结构有区别。

（2）实验测量时电阻率扫面存在体积效应。

（3）所选岩样的裂缝并非绝对直缝，且裂缝宽度在 Y 轴不是定值，跟模拟所设条件有区别，所选岩样裂缝的张开度不是每个地方都是一样的，而数值模拟假设裂缝的张开度是处处相等的平板状裂缝。

（4）实验测量时裂缝处流体的侵入并不是理想的均匀无限侵入，而数值模拟的情况是均匀无限侵入，两者模拟的条件存在一定的差别。

（5）实验测量时，可能在裂缝中还存在其他电阻率与基岩不一样的胶结物，或存在黏土等其他物质，在经过盐水浸泡后电阻率可能发生变化，也就是实际实验测量时裂缝内流体的电阻率可能并不是所配盐水的电阻率，这与数值模拟的条件有差异。

2.4.3　裂缝微电阻率扫描成像测井响应

2.4.3.1　不同宽度裂缝的微电阻率扫描成像测井响应

图 2.4.8 为不同裂缝宽度下，正对裂缝处纽扣电极测量的响应特征（单条水平裂缝），

模拟条件是 $R_{xo} = 1000\Omega \cdot m$，$R_m = 0.1\Omega \cdot m$，模拟裂缝宽度分别为 800μm、700μm、600μm、500μm、400μm、200μm、100μm、80μm、60μm、40μm、20μm 等 11 个裂缝级别。本次模拟的裂缝均是将裂缝简化为平板状裂缝，即裂缝处的张开度都相等，并且井眼内的流体能够完全侵入到裂缝的所有空间。

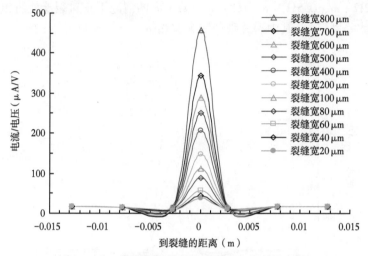

图 2.4.8　不同裂缝宽度情况下的数值模拟结果

（1）不同裂缝级别模拟的曲线形状基本不变；

（2）在纽扣电极中心正对裂缝处，电导率随裂缝宽度增加而增加，即裂缝宽度越小，其裂缝识别的难度越大。

如图 2.4.9 所示，X 轴代表裂缝的张开度（单位 μm），Y 轴代表在纽扣电极处测得的最大电流 I_{max} 和最小电流 I_{min} 的比值。

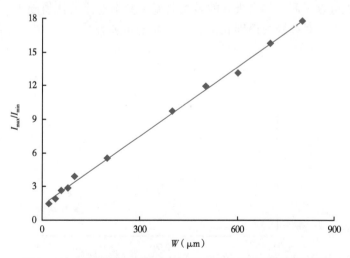

图 2.4.9　纽扣电极处最大电流/最小电流与裂缝宽度关系图

（1）随着裂缝张开度的增大，最大电流/最小电流也相应的增大；

（2）并且（I_{max}/I_{min}）与张开度 W 呈线性递增关系。说明裂缝宽度越小，纽扣电极处测得的电流差异也越小，对仪器电流测量的精度要求也越严格，这也说明裂缝张开度越小越难以识别。

2.4.3.2 裂缝中充填不同流体时微电阻率扫描成像测井响应

图 2.4.10 为井眼外地层电阻率 $R_{xo}=1000\Omega\cdot m$，井眼及裂缝内流体电阻率 R_m 分别为 $0.1\Omega\cdot m$、$0.2\Omega\cdot m$、$0.5\Omega\cdot m$、$1\Omega\cdot m$、$5\Omega\cdot m$ 的情况下正对裂缝处纽扣电极测量的响应特征（单条水平裂缝），其中裂缝张开度为 $800\mu m$。

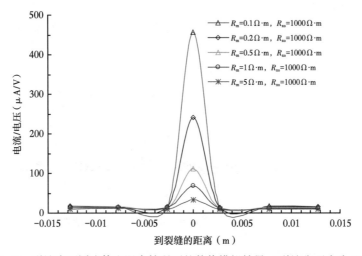

图 2.4.10　裂缝中不同流体电阻率情况下的数值模拟结果（裂缝张开度为 $800\mu m$）

不同 R_{xo}/R_m 下的电导率曲线幅度变化趋势一致，但是变化的幅度不同，R_{xo}/R_m 越大，靠近裂缝处的电流/电压（电导率）的曲线幅度越大，R_{xo}/R_m 越小，其电导率的幅度也越小，即裂缝处流体的电阻率和地层的电阻率差异越小，越难以识别裂缝。

图 2.4.11 也可以说明纽扣电极处的最大电流、最小电流的比值随 R_{xo}/R_m 的增大而线性减小。说明 R_{xo}/R_m 对裂缝的识别和定量评价起着重要作用，R_{xo}/R_m 越小，裂缝识别的难度越大。

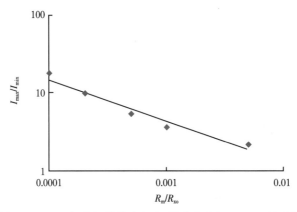

图 2.4.11　纽扣电极处最大电流/最小电流与 R_{xo}/R_m 关系图

2.4.3.3　裂缝延长深度不同时的微电阻率扫描成像测井响应

图 2.4.12 为不同裂缝延长深度情况下正对裂缝处纽扣电极测量的响应特征（单条水平裂缝），模拟的裂缝延长深度分别为无限延伸、300mm、100mm、50mm、40mm、30mm、20mm，由于受模型尺寸有限的约束，此处的裂缝无限延伸是指裂缝延长深度和地层的厚度一样长，井眼外地层电阻率 $R_{xo}=1000\Omega\cdot m$，裂缝及井眼内流体电阻率 $R_m=0.1\Omega\cdot m$，裂缝张开度为 $800\mu m$。从图 2.4.13 中可以看出，裂缝中心对应处纽扣电极的电流/电压随裂缝中心距纽扣电极中心距离的变化，在裂缝中心处电流/电压最大，不同裂缝延长深度的曲线变化趋势都是一样的，但是裂缝延长深度从 20mm，30mm，…一直到无限延伸，电流/电压是逐渐增大的，并且增大的幅度越来越小，说明裂缝延长深度增长对纽扣电极处的测量结果的贡献值越来越小，即仪器的探测深度是有一定深度范围的。

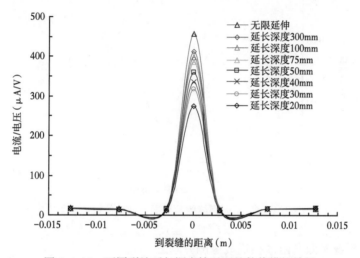

图 2.4.12　不同裂缝延长深度情况下的数值模拟结果

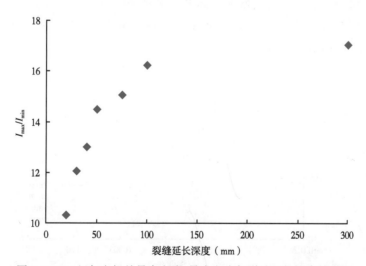

图 2.4.13　纽扣电极处最大电流/最小电流与裂缝延长深度关系图

2.4.3.4 裂缝倾角不同时微电阻率扫描成像测井响应

图 2.4.14 为不同裂缝倾角情况下正对裂缝处纽扣电极测量的响应特征（单裂缝），模拟的裂缝倾角分别为 0°、15°、30°、45°、60°、75°，井眼外地层电阻率 $R_{xo} = 1000\Omega \cdot m$，裂缝及井眼内流体电阻率 $R_m = 0.1\Omega \cdot m$，裂缝张开度为 800μm。从图 2.4.14 中可以看出，对于低角度裂缝（裂缝倾角小于 45°），模拟的电阻率响应特征曲线随裂缝中心点到纽扣电极中心点的变化保持对称，即低角度裂缝的电阻率在成像图上有对称关系，但当裂缝倾角为 60°、75°时，其电阻率响应特征曲线出现明显不对称的现象，即说明裂缝倾角对裂缝的识别及定量评价是有很大影响的。

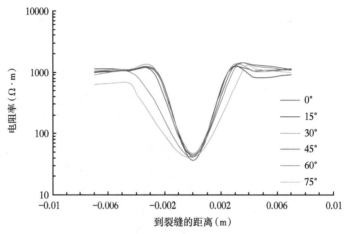

图 2.4.14　不同裂缝倾角情况下的数值模拟结果

2.4.3.5 复合裂缝时微电阻率扫描成像测井响应

图 2.4.15 为模拟两条水平裂缝下正对裂缝处纽扣电极测量的响应特征，井眼外地层电阻率 $R_{xo} = 1000\Omega \cdot m$，裂缝及井眼内流体电阻率 $R_m = 0.1\Omega \cdot m$，裂缝张开度为 1000μm，两条水平裂缝相距分别为 10mm、8mm、6mm、5mm、3mm。从图 2.4.15 中可以看出，当

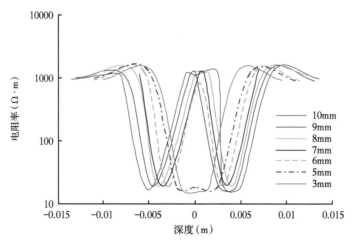

图 2.4.15　复合裂缝情况下的数值模拟结果

两条水平裂缝相距 10mm、8mm、6mm 时，两条水平裂缝在电阻率响应曲线上有两个很明显的波谷，根据这两个波谷可以将两条裂缝清晰的分开，但相距 5mm 和 5mm 以下时，两条裂缝的模拟结果在电阻率曲线上只能看到一个波谷，即此时两条水平裂缝的电阻率特征和一条裂缝的电阻率图像上的特征是一样的，即模拟的条件下当两条以上的裂缝的距离小于 5mm 就无法在电阻率图上区分开来，这也说明微电阻率扫描成像测井的分辨率为 5mm。

3　塔河油田岩溶缝洞储集体测井处理解释

测井信息一般都是对地质特性的一种非直接性的反映。这种间接性带来的模糊性和其自身所隐含的多解性，使得测井资料的解释实质就是一种对地质特性的推理、演绎和还原过程。因此人们一开始就十分重视研究测井信息与地质特性时间的定性和定量关系。

测井数据及其影响因素的复杂性与强烈的随机性，以及由此表现出来的不确定性，促使人们试图借助于相带的数学工具，以便实现对地下复杂的地质特性最初比较确切的解释。因此，在这一基础上，一些应用相带数学成就的数学模型相继被提出，其中当然有不少模型由于能对地下地质特性如实的描述，而被实践证明具有较好的实用价值。但也有不少的模型，由于具有过多的假设和复杂的推演，却往往掩盖了所要研究问题的地质意义。甚至使人们产生如此的错觉，似乎没有复杂的数学推导和相应的表达式就不是高水平的解释。

测井方法多，信息多，反映的物理性质多，在应用数学方法处理测井数据时，要特别谨慎小心，研究测井提供的信息之间的匹配关系，注意数学公式的物理基础是否成立，数学、物理、信息要匹配起来，代表了时间、地点和空间的结合。改进测井定量解释方法和提高测井解释精度，始终是测井解释工作者奋斗的目标。

3.1　缝洞储集体类型常规测井识别

缝洞储集体有 6 种类型，加上少有次生孔隙发育的致密灰岩，一共有 7 种类型地层需要识别出来。塔河油田碳酸盐岩岩溶地层常用的常规测井响应有自然伽马、声波、中子、密度、深侧向和浅侧向这 6 种测井方法。要应用 6 种方法识别出 7 种类型，得仔细分析不同类型储集体测井响应各自的特征和相互之间的差异。由于样本数量有限，为了尽可能避免由于样本数量不够丰富，不能覆盖所有已知或者未知的地层情况，还要结合地质情况和测井方法原理，说清楚为什么会出现这样的响应和差异，以免出现虽然有测井响应规律和能够区分出两种或者多种类型，但是地质和物理性质之间矛盾的情况。

首先，将所有样本按照类型分别统计每个测井响应的分布情况。从统计各类缝洞储集体及充填物的测井响应范围发现：以上测井响应均不能单独直接划分出所有类型，因此需要寻找有效的测井识别方法。

基于不同类型缝洞储集体及充填物的典型地质特征分析，可进行如下推论，得到类型划分的敏感参数（图 3.1.1、表 3.1.1）：

（1）对于方解石充填洞穴和基岩，相对比较致密，物性较差，电阻率高值，因此以声波时差、中子测井值、密度和电阻率为主要的识别参数；

（2）对于缝洞和裂缝，物性相对比较差，岩性较纯，导电性相对较差，因此以中子测井值、密度、自然伽马值和电阻率为主要的识别参数；

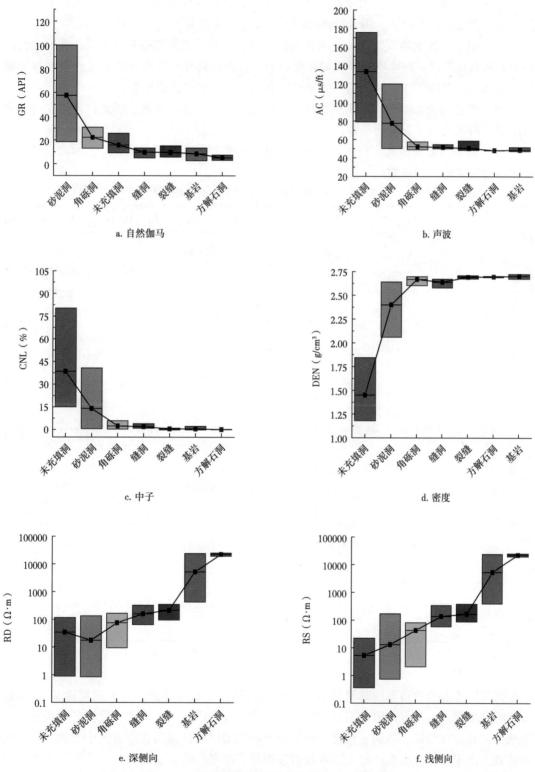

图 3.1.1 不同类型缝洞储集体测井响应分布范围

（3）对于未充填洞穴，由于其物性非常发育，孔隙度异常高值，因此声波和中子测井值很高，密度测井值很低，因为以声波时差、中子测井值和密度为主要识别参数；

（4）对于砂泥充填洞穴，一方面其岩性为砂岩，其骨架值与石灰岩不同，孔隙度普遍高于石灰岩孔隙度，密度测井值相对较低；另一方面，具有较高的泥质含量，自然伽马值相对较高，因此以密度、中子测井值和自然伽马值为主要的识别参数；

（5）方解石充填洞穴与致密层相比，岩性更为纯净，非常致密，因此以自然伽马值和电阻率为两者之间主要识别参数；

（6）缝洞与裂缝相比，物性相对发育，孔隙度相对较高，导电性更好，因此以密度和电阻率为主要的识别参数。

表 3.1.1　各类缝洞体常规测井响应分布统计表

	GR（API）	AC（μs/ft）	CNL（%）	DEN（g/cm³）	RD（Ω·m）	RS（Ω·m）
未充填洞穴	$\dfrac{9.1\sim25.8^{①}}{15.6}$	$\dfrac{79.0\sim175.8}{133.3}$	$\dfrac{15.0\sim80.3}{38.5}$	$\dfrac{1.18\sim1.84}{1.45}$	$\dfrac{0.9\sim116.7}{34.3}$	$\dfrac{0.4\sim22.2}{5.3}$
砂泥充填洞穴	$\dfrac{18.4\sim99.9}{57.7}$	$\dfrac{50.2\sim175.8}{77.7}$	$\dfrac{0.5\sim40.7}{14.0}$	$\dfrac{2.06\sim2.64}{2.40}$	$\dfrac{0.8\sim134.9}{17.6}$	$\dfrac{0.7\sim171.1}{13.0}$
角砾充填洞穴	$\dfrac{13.0\sim30.8}{22.2}$	$\dfrac{48.9\sim57.4}{52.2}$	$\dfrac{0.3\sim5.8}{2.4}$	$\dfrac{2.60\sim2.70}{2.67}$	$\dfrac{9.4\sim167.7}{74.9}$	$\dfrac{2.1\sim80.7}{42.3}$
方解石充填洞穴	$\dfrac{3.0\sim7.4}{5.1}$	$\dfrac{48.1\sim48.4}{48.2}$	$\dfrac{0\sim0.3}{0.1}$	$\dfrac{2.69\sim2.70}{2.70}$	$\dfrac{19160.8\sim25000}{22198.0}$	$\dfrac{19465.6\sim25000}{22046.9}$
缝洞	$\dfrac{5.0\sim13.2}{9.7}$	$\dfrac{50.0\sim54.6}{51.4}$	$\dfrac{0.8\sim3.9}{1.9}$	$\dfrac{2.58\sim2.67}{2.64}$	$\dfrac{64.2\sim326.8}{160.4}$	$\dfrac{57.6\sim342.1}{136.9}$
裂缝	$\dfrac{5.7\sim15.1}{9.6}$	$\dfrac{48.5\sim58.6}{50.4}$	$\dfrac{-0.2\sim1.0}{0.5}$	$\dfrac{2.67\sim2.71}{2.69}$	$\dfrac{94.7\sim352.2}{217.2}$	$\dfrac{86.7\sim381.6}{166.5}$
致密	$\dfrac{2.6\sim13.3}{8.5}$	$\dfrac{47.3\sim51.6}{58.7}$	$\dfrac{-0.1\sim2.2}{0.5}$	$\dfrac{2.67\sim2.72}{2.70}$	$\dfrac{430.0\sim23936.4}{5225.0}$	$\dfrac{392.6\sim23837.5}{5295.8}$

①$\dfrac{最小值\sim最大值}{平均值}$。

从实际测井资料得到的缝洞储集体及充填物的测井响应特征，与上述规律基本一致，方解石充填洞穴和基岩电阻率明显高值，未充填洞穴在声波、中子和密度测井响应上，均表现为高孔隙度特征，特别是密度；砂泥充填洞穴的泥质含量高，声波、中子测井值也相对较高。由于受到井况等一些实际客观因素影响，界限值略有差异。最终得到如下的交会图决策树识别缝洞储集体及充填物类型的方法，识别流程及判别方法如图 3.1.2 所示，图 3.1.3 为交会图版及界限：

（1）应用深侧向与密度和中子建立的交会图，将地层分为两部分：一部分（A部分）为方解石充填洞穴型和基岩；一部分为其余5种类型缝洞体（B部分，包括裂缝型、缝洞型、未充填洞穴型、砂泥充填洞穴型、角砾充填洞穴型）。

（2）应用自然伽马与深侧向、浅侧向建立的交会图，将A部分进一步划分为基岩和方解石充填洞穴型缝洞体。

（3）应用自然伽马与浅侧向、密度、中子测井值、声波建立的交会图，将B部分再进一步分为三部分，一部分为未充填洞穴型缝洞体、一部分为裂缝型和缝洞型（C部分）、一部分为砂泥充填洞穴型和角砾充填洞穴型（D部分）。

（4）应用密度与浅侧向、中子建立交会图，将C部分进一步划分为砂泥充填洞穴型和角砾充填洞穴型。

（5）应用密度与自然伽马和深侧向分别建立的交会图，将D部分进一步划分为裂缝型和缝洞型。

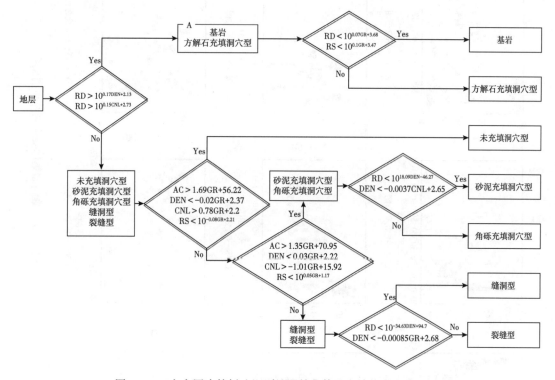

图3.1.2 交会图决策树法识别缝洞储集体及充填物类型流程图

将本方法应用于塔河油田主体区，常规测井识别结果与岩心对比：共有11口井14段指示洞穴发育的岩心，共112.223m，测井识别与岩心符合12段，符合厚度为111.452m，识别厚度符合率为99.3%，识别段数符合率为85.7%（表3.1.2）。常规测井识别结果与录井结论对比：录井结论中共有68层指示洞穴发育，测井识别与录井结论符合66层，符合率为97%；录井中有洞穴充填物类型结论的43层，测井识别与录井符合37层，符合率为86%（图3.1.4）。

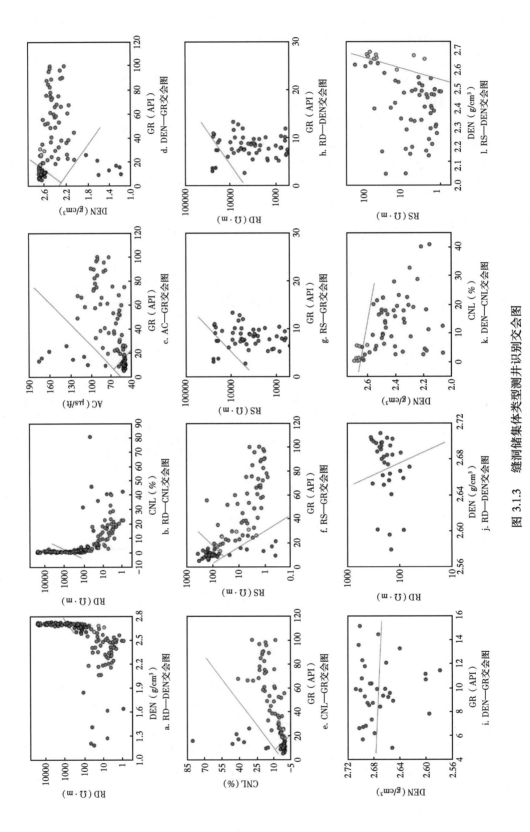

图 3.1.3　缝洞储集体类型测井识别交会图

表 3.1.2　测井识别结果与岩心对比

井名	顶深（m）	底深（m）	厚度（m）	岩性	测井识别	是否符合
A1	5456.846	5461.106	4.26	角砾岩	角砾充填洞穴	是
A1	5490.986	5494.816	3.83	砂岩	砂泥充填洞穴	是
A2	5494.52	5495.73	1.21	角砾岩	角砾充填洞穴	是
A3	5462.145	5466.215	4.07	角砾岩	角砾充填洞穴	是
A3	5522.504	5522.705	0.201	砂岩	裂缝	否
A4	5525.69	5526.33	0.64	砂岩	砂岩	是
A5	5705.831	5707.731	1.9	砂岩	砂泥充填洞穴	是
A6	5416.79	5417.77	0.98	角砾岩	角砾充填洞穴	是
A7	5427.086	5431.668	4.582	角砾岩	角砾充填洞穴	是
A8	5513.91	5525.26	11.35	角砾岩	角砾充填洞穴	是
A9	5534.4	5547.72	13.32	砂岩	砂泥充填洞穴	是
A9	5557.68	5558.25	0.57	砂岩	缝洞	否
A10	5437.26	5444.87	7.61	角砾岩	角砾充填洞穴	是
A11	5484.94	5542.64	57.7	砂岩和角砾岩	砂泥和角砾充填洞穴	是
岩心厚度总数			112.223	岩心数量		14
测井识别与岩心符合厚度			111.452	测井识别与岩心符合数量		12
测井识别与岩心对比符合率（层厚）			99.3%	测井识别与岩心对比符合率（层数）		85.7%

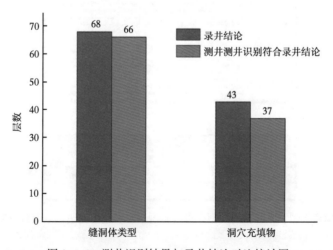

图 3.1.4　测井识别结果与录井结论对比统计图

3.2 孔隙度及岩性剖面测井处理

由测井方法原理可知，测井仪器测量的岩石物理参数是仪器探测范围内各种成分的此项物理量的加权平均值，并表示成单位体积岩石的物理量：如密度是单位体积岩石的质量，其他测井方法均可作同样解释。在岩性均匀的情况下，无论岩石体积大小如何，它们对测量结果的贡献，按单位体积来说，都是一样的。因此，在应用测井计算参数时，就可以避开对每种测井方法微观物理过程的研究，着重从宏观上研究地层各部分对测井测量结果的贡献，从而发展了岩石体积物理模型方法。

岩石体积物理模型就是根据测井方法的探测特性和岩石中各种物质在物理性质上的差异按体积把实际岩石简化为性质均匀的几个部分，研究每一部分对岩石宏观物理量的贡献，并把岩石的宏观物理量看成是各个部分贡献之和。

基于岩石物理体积模型的基本定义，在应用时需要满足如下两个条件：

（1）按物质平衡原理，岩石总体积等于各部分体积之和；

（2）岩石宏观物理量等于各部分宏观物理量之和。

岩石物理体积模型是对地下地质特征的近似描述，其有效性很大程度上取决于与实际地层情况的逼近程度，因此，在对缝洞储集体应用岩石体积物理模型计算参数时，要针对缝洞储集体的岩性特征，选择合适的体积模型进行处理。

在1.4节中，对缝洞储集体的类型进行了划分。对于未充填洞穴型、方解石洞穴型、裂缝孔洞型、裂缝型储集体以及致密灰岩，主要包括石灰岩、孔隙和少量的白云岩和泥岩，其体积模型如图3.2.1所示。

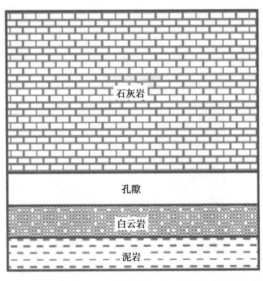

图 3.2.1 未充填洞穴型、方解石洞穴型、裂缝孔洞型、裂缝型储集体以及致密灰岩的体积模型

应用中子测井和密度测井或者中子测井和声波测井来计算孔隙度和岩性剖面，公式如下：

$$\begin{cases} 1 = V_{石灰岩} + V_{孔隙} + V_{白云岩} + V_{泥岩} \\ \mathrm{CNL} = \mathrm{CNL}_{石灰岩} + \mathrm{CNL}_{孔隙} + \mathrm{CNL}_{白云岩} + \mathrm{CNL}_{泥岩} \\ \mathrm{DEN} = \mathrm{DEN}_{石灰岩} + \mathrm{DEN}_{孔隙} + \mathrm{DEN}_{白云岩} + \mathrm{DEN}_{泥岩} \end{cases} \tag{3.2.1}$$

$$\begin{cases} 1 = V_{石灰岩} + V_{孔隙} + V_{白云岩} + V_{泥岩} \\ \mathrm{CNL} = \mathrm{CNL}_{石灰岩} + \mathrm{CNL}_{孔隙} + \mathrm{CNL}_{白云岩} + \mathrm{CNL}_{泥岩} \\ \mathrm{AC} = \mathrm{AC}_{石灰岩} + \mathrm{AC}_{孔隙} + \mathrm{AC}_{白云岩} + \mathrm{AC}_{泥岩} \end{cases} \tag{3.2.2}$$

对于砂泥充填洞穴型和角砾充填洞穴型储集体，主要包括石灰岩、砂岩、泥岩和孔隙，其体积模型如图 3.2.2 所示。

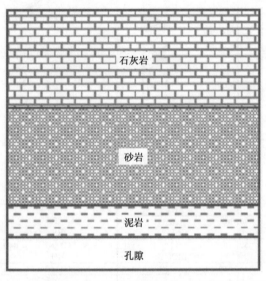

图 3.2.2　砂泥充填洞穴型和角砾充填洞穴型储集体的体积模型

应用中子和密度或者中子和声波测井来计算孔隙度和岩性剖面，公式如下：

$$\begin{cases} 1 = V_{石灰岩} + V_{砂岩} + V_{泥岩} + V_{孔隙} \\ \mathrm{CNL} = \mathrm{CNL}_{石灰岩} + \mathrm{CNL}_{砂岩} + \mathrm{CNL}_{泥岩} + \mathrm{CNL}_{孔隙} \\ \mathrm{DEN} = \mathrm{DEN}_{石灰岩} + \mathrm{DEN}_{砂岩} + \mathrm{DEN}_{泥岩} + \mathrm{DEN}_{孔隙} \end{cases} \tag{3.2.3}$$

$$\begin{cases} 1 = V_{石灰岩} + V_{砂岩} + V_{泥岩} + V_{孔隙} \\ \mathrm{CNL} = \mathrm{CNL}_{石灰岩} + \mathrm{CNL}_{砂岩} + \mathrm{CNL}_{泥岩} + \mathrm{CNL}_{孔隙} \\ \mathrm{AC} = \mathrm{AC}_{石灰岩} + \mathrm{AC}_{砂岩} + \mathrm{AC}_{泥岩} + \mathrm{AC}_{孔隙} \end{cases} \tag{3.2.4}$$

将本方法应用于塔河油田，测井计算孔隙度与全直径岩心孔隙度进行对比：共有 7 口井 52 个全直径数据点，各口井测井计算孔隙度与全直径岩心孔隙度绝对误差平均值为 -0.24%~0.19%，相对误差为 -0.13%~0.09%，如图 3.2.3 至图 3.2.5 所示。

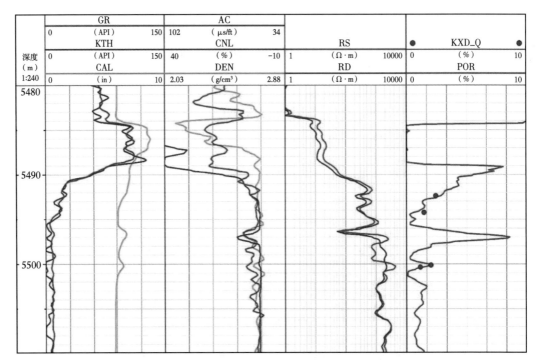

图 3.2.3　S66 井测井计算孔隙度与岩心孔隙度对比图

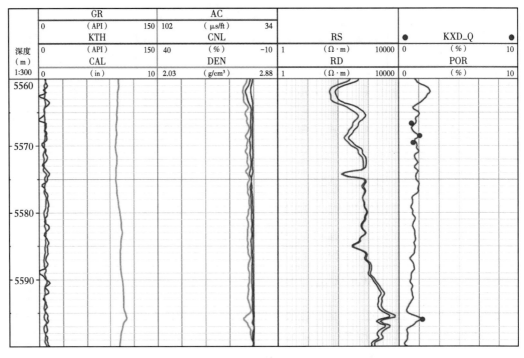

图 3.2.4　T601 井测井计算孔隙度与岩心孔隙度对比图

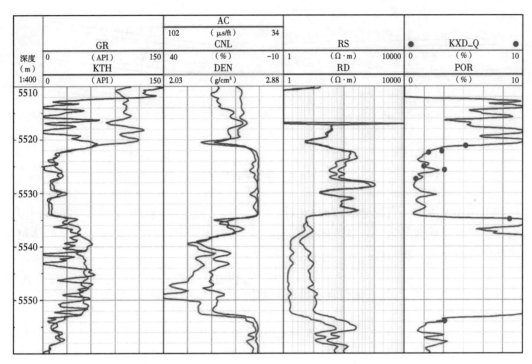

图 3.2.5　T615 井测井计算孔隙度与岩心孔隙度对比图

3.3　裂缝孔隙度测井处理

裂缝是致密类型地层的重要空隙空间，它具有两方面的作用：一是能够储存一定量的油气成为储存空间，起储藏的作用；一是像隧道一样，起沟通连接各个空隙空间的作用。

由于地应力作用，在裂缝性地层中，裂缝多以裂缝带的形式分布，且具有复杂的非均匀性，导致裂缝地层的电参数（如电导率）具有复杂的各向异性。但从宏观及统计意义上考虑，裂缝地层的电参数可认为是宏观各向异性的，也就是说在一定尺度下，不论从宏观上还是从微观上考虑，裂缝地层的电参数都是统一的。对于裂缝的双侧向测井的数值模拟来说，只考虑裂缝地层中的电导率。所以下面只讨论裂缝地层中电导率的宏观各向异性问题。

裂缝带最简单的模型是等间距的平行裂缝，假设等间距的平行裂缝布满于整个求解区，裂缝间距小到一定程度，裂缝地层中宏观各向异性介质的电导率便可从微观介质的电导率推导出来。即在一定地质尺度下，等间距平行裂缝组的双侧向测井响应与宏观各向异性介质的双侧向测井响应一致，即利用三维有限元法进行数值模拟时，所构造的泛函是一致的。

对于裂缝的平板地质模型，如图 3.3.1 所示，σ_b、σ_f 分别为基岩和裂缝内流体的电导率；h、d 分别为裂缝的张开度和裂缝间的垂直距离；Ω 为裂缝的倾角。由于裂缝的地质模型为平板状模型，所以裂缝地层的孔隙度为：

$$\phi_f = \frac{h}{d+h} \tag{3.3.1}$$

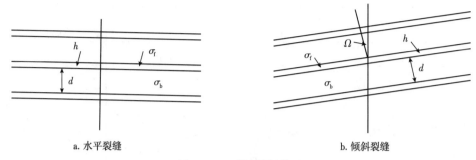

a. 水平裂缝　　　　　　　　　　　　　b. 倾斜裂缝

图 3.3.1　裂缝平板模型

如图 3.3.1 所示，当裂缝倾角 $\Omega=0$ 时，σ_{h0}、σ_{v0} 分别为裂缝水平方向（裂缝的走向）的电导率和裂缝垂直方向（裂缝面的法方向）的电导率。对于 σ_{h0}，这些平行导电体可视为彼此与周围介质并联，有：

$$\sigma_{h0}=(1-\phi_f)\sigma_b+\phi_f\sigma_f \tag{3.3.2}$$

对于 σ_{v0}，这些平行导电体可视为彼此与周围介质串联，有：

$$\frac{1}{\sigma_{v0}}=R_{v0}=(1-\phi_f)R_b+\phi_f R_f \tag{3.3.3}$$

式中　R_{v0}——裂缝垂直方向的电阻率；

　　　R_b——基岩电阻率；

　　　R_f——裂缝内流体的电阻率。

变形得到：

$$\sigma_{v0}=\frac{\sigma_b}{1+\phi_f(\sigma_b/\sigma_f-1)} \tag{3.3.4}$$

在直角坐标系中，如果裂缝倾角 $\Omega=0$，电导率张量 $\overline{\sigma}(0)$ 为：

$$\overline{\sigma}(0)=\begin{bmatrix} \sigma_{h0} & 0 & 0 \\ 0 & \sigma_{h0} & 0 \\ 0 & 0 & \sigma_{v0} \end{bmatrix} \tag{3.3.5}$$

当裂缝倾角 $\Omega\neq0$ 时，电导率张量 $\overline{\sigma}(\Omega)$ 为：

$$\overline{\sigma}(\Omega)=\begin{bmatrix} \sigma_{xx} & 0 & \sigma_{xz} \\ 0 & \sigma_{yy} & 0 \\ \sigma_{xz} & 0 & \sigma_{zz} \end{bmatrix} \tag{3.3.6}$$

其中：

$$\sigma_{xx}=\sigma_{h0}+(\sigma_{v0}-\sigma_{h0})\sin^2\Omega$$

$$\sigma_{yy}=\sigma_{h0}$$

$$\sigma_{zz}=\sigma_{h0}-(\sigma_{v0}-\sigma_{h0})\sin^2\Omega$$

$$\sigma_{xz}=\sigma_{zx}=(\sigma_{v0}-\sigma_{h0})\sin\Omega\cos\Omega \tag{3.3.7}$$

在裂缝型储层中，$\phi_f \ll 1$，$\sigma_b \ll \sigma_f$，故式 (3.3.2) 和式 (3.3.3) 可表示为：

$$\sigma_{h0} = \sigma_b + \phi_f \sigma_f$$

$$\sigma_{v0} = \sigma_b$$

$$\sigma_{v0} - \sigma_{h0} = -\phi_f \sigma_f \tag{3.3.8}$$

将式 (3.3.8) 代入式 (3.3.7) 有：

$$\sigma_{xx} = \sigma_b + \phi_f \sigma_f \cos^2 \Omega$$

$$\sigma_{yy} = \sigma_b + \phi_f \sigma_f$$

$$\sigma_{zz} = \sigma_b + \phi_f \sigma_f \sin^2 \Omega$$

$$\sigma_{xz} = \sigma_{zx} = -\phi_f \sigma_f \sin\Omega\cos\Omega \tag{3.3.9}$$

从式 (3.3.9) 可知，裂缝地层的电导率只与 σ_b、σ_f、ϕ_f、Ω 有关。并且当 σ_b、Ω 固定时，只要 σ_f、ϕ_f 不变，双侧向测井响应就不变。

不论从微观上还是从宏观上来说，在裂缝地层中双侧向测井的电场分布都是三维的。采用三维有限元素法，可以较好地进行裂缝双侧向测井响应的正演计算。由于三维有限元素法的计算速度比较慢，所以要对裂缝双侧向测井响应进行严格的反演是不现实的。因此，通过对裂缝双侧向测井响应进行大量准确的计算和认真的分析，建立较好的裂缝双侧向测井响应与地层参数（如裂缝孔隙度、裂缝流体电阻率、裂缝倾角、基岩电阻率等）之间的函数关系，进而实现对裂缝双侧向测井响应的反演，亦为一种快速有效的计算方法。

由于双侧向测井响应只有两条测井曲线，而地层参数比较多，所以对裂缝双侧向测井响应进行反演就存在多解性。根据裂缝性地层的侵入特性，可假定侵入半径为无穷远，根据裂缝倾角将裂缝分为三组：准水平缝、中间角度缝及准立缝，准水平缝的倾角的范围是 [0°，50°]，中间角度缝的倾角的范围是 [60°，73°]，准立缝的倾角的范围是 [75°，90°]。在此条件下建立裂缝双侧向测井响应与孔隙度、流体电导率及基岩电导率之间的函数关系。

（1）基岩电阻率大于 1000Ω·m 时裂缝孔隙度的简化模型。

根据大量的数值模拟结果，当基岩电阻率大于 1000Ω·m 时，双侧向电导率可以近似表示为：

$$C_{lld} = d_1 X^{d_2} C_b + d_3 X^{d_4} \tag{3.3.10}$$

$$C_{lls} = s_1 X^{s_2} C_b + s_3 X^{s_4}$$

式中　　C_{lld}——深侧向电导率；

　　　　C_{lls}——浅侧向电导率；

　　　　C_b——基岩电导率；

　　　　X——裂缝内流体电导率的乘积；

　　　　d_1，d_2，d_3，d_4，s_1，s_2，s_3，s_4——分析所得系数。

（2）基岩电阻率不大于 1000Ω·m 时裂缝孔隙度的简化模型。

此时，双侧向电导率可以近似表示为：

$$\lg R_{lld} = D_2 \lg^2 R_b + D_1 \lg R_b + D_0$$

$$\lg R_{lls} = S_2 \lg^2 R_b + S_1 \lg R_b + S_0 \tag{3.3.11}$$

式中 R_{lld}、R_{lls}、R_b——分别为深侧向电阻率、浅侧向电阻率、基岩电阻率；

D_2、D_1、D_0、S_2、S_1、S_0——分析所得系数。

$$D_2 = A_{d3}\lg^3\phi_f + A_{d2}\lg^2\phi_f + A_{d1}\lg\phi_f + A_{d0}$$
$$D_1 = B_{d3}\lg^3\phi_f + B_{d2}\lg^2\phi_f + B_{d1}\lg\phi_f + B_{d0}$$
$$D_0 = C_{d3}\lg^3\phi_f + C_{d2}\lg^2\phi_f + C_{d1}\lg\phi_f + C_{d0}$$
$$S_2 = A_{s3}\lg^3\phi_f + A_{s2}\lg^2\phi_f + A_{s1}\lg\phi_f + A_{s0}$$
$$S_1 = B_{s3}\lg^3\phi_f + B_{s2}\lg^2\phi_f + B_{s1}\lg\phi_f + B_{s0}$$
$$S_0 = C_{s3}\lg^3\phi_f + C_{s2}\lg^2\phi_f + C_{s1}\lg\phi_f + C_{s0} \tag{3.3.12}$$

式中 A_{di}，B_{di}，C_{di}，A_{si}，B_{si}，C_{si}——分析所得系数，$i=1$，$\cdots$，4。

在反演裂缝孔隙度时，根据裂缝状态将反演公式分为 3 组，即低角度裂缝、倾斜裂缝和高角度裂缝的计算公式，实际应用中，裂缝状态的具体判断方法如下式：

$$Y = \frac{R_d - R_s}{\sqrt{R_d R_s}} \tag{3.3.13}$$

并作如下约定：当 $Y>0.1$ 时，为高角度裂缝；当 $0<Y<0.1$ 时，为倾斜裂缝；当 $Y<0$ 时，为低角度裂缝。

图 3.3.2 为应用双侧向测井快速计算裂缝孔隙度模型与电成像测井计算裂缝孔隙度对

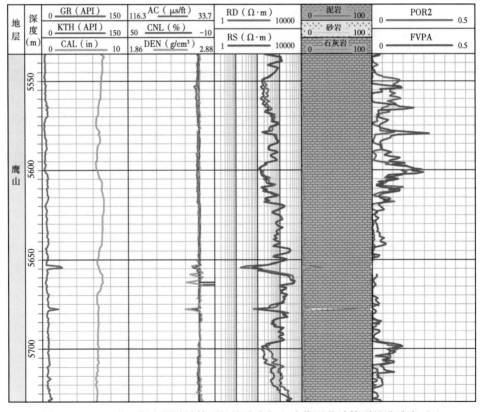

图 3.3.2　S74 井双侧向测井计算裂缝孔隙度与电成像测井计算裂缝孔隙度对比

比模型，图中第 7 道中红色曲线为双侧向测井计算的裂缝孔隙度，蓝色曲线为电成像测井处理得到裂缝孔隙度，两者规律一致，数值相近，有很好的相关性。

3.4 不同类型缝洞储集体有效储层物性下限

储层是连通孔隙、允许流体在其中储存和渗滤的岩层。储层的储集能力是由储层的岩石物理性质决定的，通常包括其孔隙性、渗透性；孔隙性决定了储层储存能力的大小，渗透性决定了储集物的渗流能力。

对于塔河油田碳酸盐岩岩溶地层，如果钻遇到未充填的洞穴，那么储集能力和连通能力都是非常优秀的。但对于大多数能够进行测井的地层，基本是充填了岩石的洞穴或者是裂缝孔洞和裂缝层，大部分需要酸化压裂进行生产，那么测井测量的地层，是酸化压裂之前的地层情况，酸化压裂之后是可能形成传统意义上的储层的。所以对于有效储层和非有效储层的解释，而更像是一种预测性的解释。

针对"有效储层"的概念，不同时期不同学者有不同的认识，但目前国内外比较公认的定义认为有效储层是在现有工艺条件下能够获得工业油气流的储层为有效储层。确定有效储层物性下限的方法有很多种，但由于多种因素的限制，目前没有一种标准的确定有效储层物性下限的方法。此次研究应用了累积频率法和交会图法针对塔河油田研究区块进行有效储层物性下限的研究。

3.4.1 累积频率法

累积频率是按某种标志对数据进行分组后，分布在各组内的数据个数称为频数或次数，各组频数与全部频数之和的比值称为频率或比重。为了统计分析的需要，有时需要观察某一数值以下或某一数值以上的频率之和，叫作累积频率。

3.4.1.1 全直径岩心累积频率法

此方法采用的资料包括全直径岩心中的孔隙度和含油产状数据，应用的方法是累积频率法。具体操作是首先将全直径岩心进行分类，分为非洞穴型、砂泥充填洞穴型和角砾充填洞穴型；其次针对不同的类型，按照含油产状分为有效储层和非有效储层，全直径岩心对应的含油产状包括含油、油浸、油斑、油迹和不含油 5 种，含油、油浸和油斑为有效储层，油迹和不含油为非有效储层；最后，分不同的类型统计有效储层和非有效储层的累积频率，两者的交点对应的孔隙度即为该方法下得到的有效储层物性下限。

此次研究共收集到同时具有孔隙度和含油产状的全直径岩心 1319 块，其中非洞穴全直径岩心 1302 块、砂泥充填洞穴全直径岩心 5 块、角砾充填洞穴全直径岩心 12 块。对于非洞穴，有效储层和非有效储层孔隙度累积频率交点对应的孔隙度为 1.77%；对于砂泥充填洞穴和角砾充填洞穴，由于全直径岩心数量太少，无法应用本方法确定有效储层物性下限（图 3.4.1 至图 3.4.4）。

3.4.1.2 柱塞岩心累积频率法

此方法采用的资料包括柱塞岩心中的孔隙度和含油产状数据，应用的方法是累积频率法。具体操作是首先将柱塞岩心进行分类，分为非洞穴型、砂泥充填洞穴型和角砾充填洞穴型；其次，与全直径岩心累积频率法相同，针对不同的类型，按照含油产状分为有效储

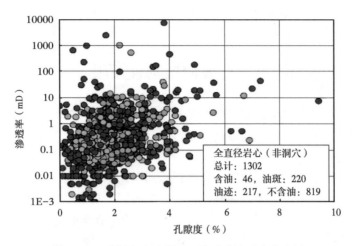

图 3.4.1　非洞穴全直径岩心孔隙度渗透率交会图

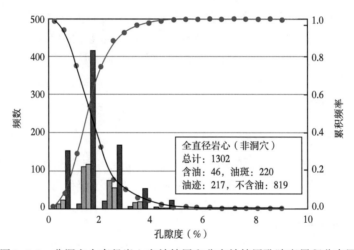

图 3.4.2　非洞穴全直径岩心有效储层和非有效储层孔隙度累积分布图

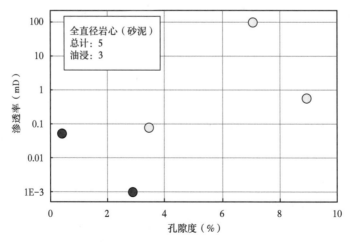

图 3.4.3　砂泥充填洞穴全直径岩心孔隙度渗透率交会图

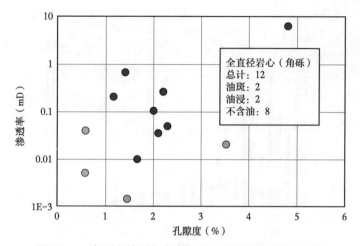

图 3.4.4　角砾充填洞穴全直径岩心孔隙度渗透率交会图

层和非有效储层，柱塞岩心对应的含油产状包括含油、油浸、油斑、油迹和不含油 5 种，含油、油浸和油迹为有效储层，油迹和不含油为非有效储层；最后，分不同的类型统计有效储层和非有效储层的累积频率，两者的交点对应的孔隙度即为该方法下得到的有效储层物性下限。

此次研究共收集到同时具有孔隙度和含油产状的柱塞岩心 4666 块，其中非洞穴全直径岩心 4401 块、砂泥充填洞穴全直径岩心 98 块、角砾充填洞穴全直径岩心 167 块。对于非洞穴，有效储层和非有效储层孔隙度累积频率交点对应的孔隙度为 1.75%；对于砂泥充填洞穴，柱塞岩心中非有效储层岩心少，代表性差，得到的储层下限偏大，不能应用；对于角砾充填洞穴，由于有效储层岩心极少，不能应用该方法（图 3.4.5 至图 3.4.9）。

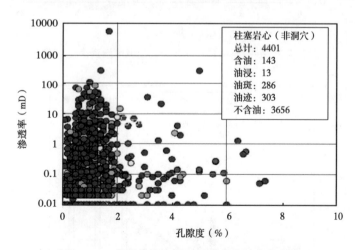

图 3.4.5　非洞穴柱塞岩心孔隙度渗透率交会图

3.4.1.3　测井解释累积频率法

此方法采用的资料包括测井孔隙度处理结果和生产资料，应用的方法是累积频率法。具体操作是首先对测井资料提取样本层，样本层要满足以下几点要求：（1）是直井资料；

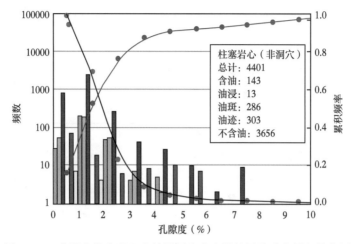

图 3.4.6　非洞穴柱塞岩心有效储层和非有效储层孔隙度累积分布图

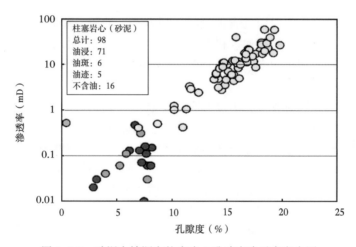

图 3.4.7　砂泥充填洞穴柱塞岩心孔隙度渗透率交会图

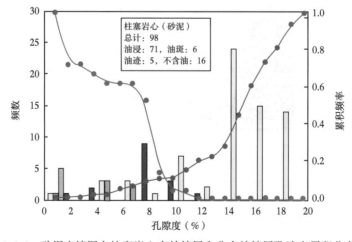

图 3.4.8　砂泥充填洞穴柱塞岩心有效储层和非有效储层孔隙度累积分布图

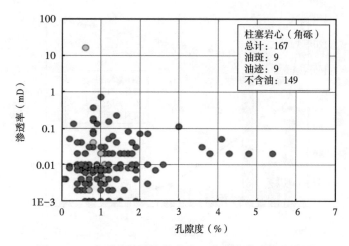

图 3.4.9　角砾充填洞穴柱塞岩心孔隙度渗透率交会图

（2）生产井段长度小于 50m。其次，按照生产资料中初期单井日产量分为有效储层和非有效储层，井深大于 4000m 的碳酸盐岩地层工业油气流的标准是 10t/d，此次研究划分有效储层和非有效储层只考虑物性情况，不考虑流体情况，因此应用的是产液量，初期日产液量大于 10t 为有效储层，初期日产液量小于 10t 为非有效储层。最后，取样本层逐点解释成果数据，分不同的类型统计有效储层和非有效储层的累积频率，两者的交点对应的孔隙度即为该方法下得到的有效储层物性下限。

此次观察了塔河油田 2~12 区中的 313 口井，其中直井并有曲线的井为 191 口，挑选出样本井 35 口、其中 2 区 2 口、4 区 12 口、6 区 9 口、7 区 8 口、8 区 4 口。从 35 口井中，提取了 61 段样本层，其中砂泥充填洞穴样本 10 个、角砾充填洞穴样本 13 个、非洞穴样本 38 个。对于非洞穴，有效储层和非有效储层孔隙度界限为 2.2%，对于砂泥充填洞穴，有效储层和非有效储层孔隙度界限为 4.3%，对于角砾充填洞穴，有效储层和非有效储层孔隙度界限为 3.9%（图 3.4.10 至图 3.4.15）。

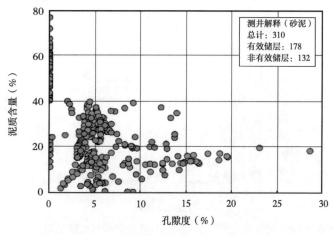

图 3.4.10　砂泥充填洞穴孔隙度与泥质含量交会图

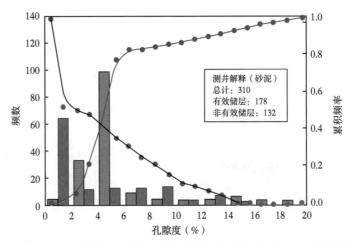

图 3.4.11　砂泥充填洞穴有效储层和非有效储层孔隙度累积分布图

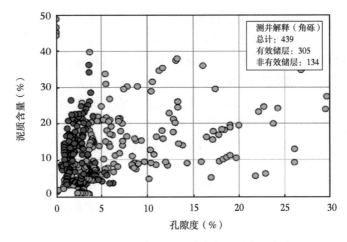

图 3.4.12　角砾充填洞穴孔隙度与泥质含量交会图

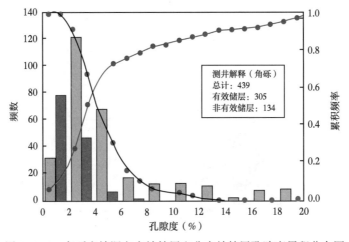

图 3.4.13　角砾充填洞穴有效储层和非有效储层孔隙度累积分布图

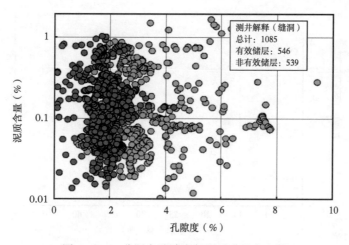

图 3.4.14 非洞穴孔隙度与泥质含量交会图

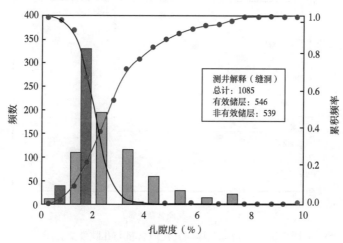

图 3.4.15 非洞穴有效储层和非有效储层孔隙度累积分布图

3.4.2 测井解释平均值交会图法

此方法采用的资料包括测井解释成果和生产资料，应用的方法是交会图法，样本层选用资料与测井解释累积频率法资料一致，样本层取值为样本层的参数平均值。

对于非洞穴，有效储层和非有效储层孔隙度界限为 2.1%，对于砂泥充填洞穴，有效储层和非有效储层孔隙度界限为 4%，对于角砾充填洞穴，有效储层和非有效储层孔隙度界限为 3.2%（图 3.4.16 至图 3.4.18）。

3.4.3 方法对比分析

以上方法从应用的基础数据来看可分为两类：一类是以岩心为基础数据，一类是以测井解释成果为基础数据。以岩心资料为基础的有效储层下限方法受到取心样本的限制，目前可应用于塔河油田非洞穴储层，但由于取心相对致密、有效储层岩心相对较少，有效储

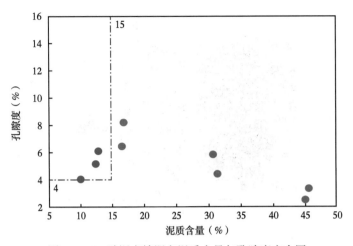

图 3.4.16　砂泥充填洞穴泥质含量与孔隙度交会图

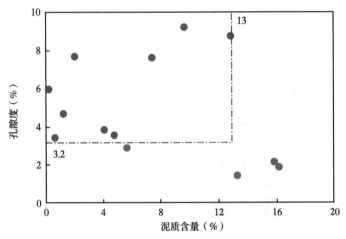

图 3.4.17　角砾充填洞穴泥质含量与孔隙度交会图

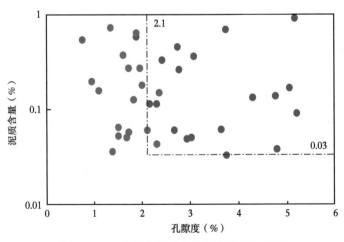

图 3.4.18　非洞穴泥质含量与孔隙度交会图

层下限值偏低；砂泥充填洞穴和角砾充填洞穴受到取心数量的影响，暂时不能应用于塔河油田，待岩心资料更加丰富后，可再开展研究；以测井资料为基础的有效储层下限方法适用范围广，在塔河地区储层研究中具有重要作用。

综合多种有效储层下限方法，确定砂泥充填洞穴储层孔隙度下限为 4.2%，角砾充填洞穴储层孔隙度下限为 3.6%，缝洞储层孔隙度下限为 2%。

3.5 渗透率测井计算

3.5.1 基于常规岩心实验的渗透率影响因素分析

渗透率是岩石的一种物理特性，它是对一定黏度的流体通过地层畅通性的度量。对于常规砂岩，岩心孔隙度和渗透率有很好的相关性，可以应用孔隙度计算渗透率。缝洞储集体非均质性强，应用全直径岩心建立渗透率与孔隙度的交会图（图 3.5.1），全直径岩心主要分为砂岩和石灰岩两类，砂岩代表砂泥充填洞穴，渗透率和孔隙度之间有良好的相关性，可以应用孔隙度直接计算渗透率；但是对于石灰岩，孔隙度分布范围小，孔隙度普遍较低（<6%），但是渗透率分布范围很大，从 0.02~10mD，跨越 3 个数量级，说明对于石灰岩来说，渗透率受孔隙度影响很小，要进一步研究渗透率计算方法。

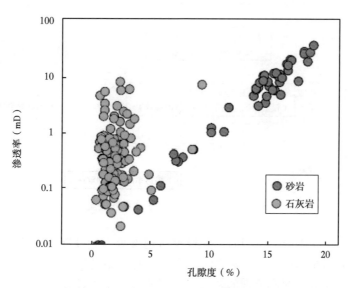

图 3.5.1　全直径岩性渗透率与孔隙度交会图

3.5.2 基于数字岩心计算渗透率方法

地层中孔隙体积和孔隙结构对渗透率有非常大的影响。缝洞储集体孔隙结构复杂，非均质性强，尤其是洞、缝的发育给渗透率的研究带来了巨大挑战。传统的岩心实验面临取心困难、测试时间长、无法重复等问题，难以分析渗透率的影响因素，导致渗透率测井建模困难。借助 CT 等手段构建反映真实岩心孔隙拓扑结构的数字岩心能够弥补这些不足。

数字岩心能够真实反映地下岩心的孔隙形状、大小、孔隙结构等，应用数字岩心技术，形成缝洞储集体的孔隙网络模型，结合逾渗理论，进而计算渗透率，在此基础上通过改变数字岩心模型来分析渗透率的影响规律，建立渗透率解释模型（图3.5.2）。

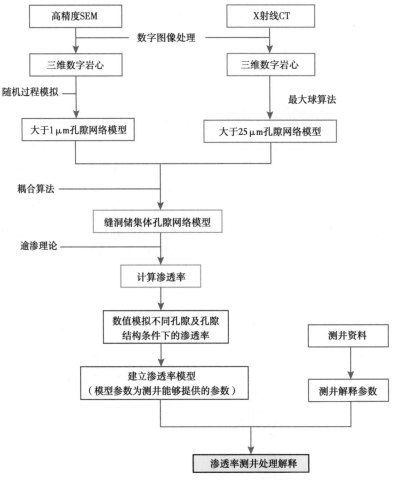

图 3.5.2　数字岩心渗透率计算方法流程

利用数字岩心建立渗透率模型时，其模型所选参数为测井能够处理解释得到的参数，进而实现渗透率的测井解释评价。该方法首先对岩心样品进行 X 射线 CT 及高精度扫描电镜（SEM）扫描，在数字图像处理的基础上分别采用最大球算法及随机过程模拟方法构建不同孔隙网络模型，即 CT 识别的是大于 $25\mu m$（跟仪器分辨率有关）的孔隙空间，SEM识别的是大于 $1\mu m$ 的孔隙空间；其次采用耦合算法构建缝洞储集体孔隙网络模型；再次在孔隙网络模型的基础上，结合逾渗理论可以开展数字岩心的渗透率计算；最后通过调整数字岩心孔隙网络模型模拟不同孔隙类型及孔隙结构下的渗透率，分析渗透率的影响因素，进而得到渗透率解释模型。结合地区经验参数、测井资料约束等可以将理论模型应用于缝洞储集体的渗透率测井处理解释。

3.5.2.1　样品选取和物性测试

选取缝洞储集体储层的 3 块样品，样品直径为 6cm，实物图如图 3.5.3 所示，其中两块样品是半圆柱体。1 号样品次生孔隙发育, 目测可识别次生裂缝; 2 号样品角砾充填; 3 号样品岩性致密, 岩石骨架主要两种矿物组分, 属于缝洞储集体的基岩部分; 4 号样品取自 2 号样品, 选取 2 号样品中角砾充填部分, 样品直径为 2.54cm; 5 号样品取自 3 号样品, 直径为 2.54cm; 6 号样品取自 3 号样品, 直径 0.4cm。

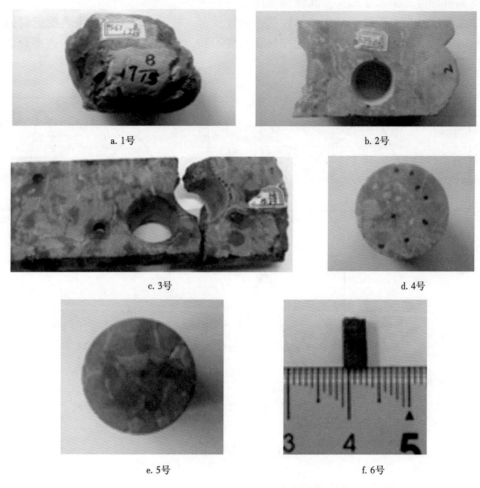

图 3.5.3　样品实物图像

由于 2 号和 3 号样品形状不规则, 所以无法测量物性。采用气测法测量了 1 号、4 号和 5 号样品的孔隙度和渗透率, 测试结果见表 3.5.1。

表 3.5.1　缝洞储集体样品物性测试结果

编号	孔隙度（%）	渗透率（mD）
1	1.18	形状不规则
4	3.40	0.004
5	2.97	0.035

采用纽迈核磁共振设备测量三块样品的核磁共振 T_2 谱，结果如图 3.5.4 所示。T_2 谱反映了样品孔隙尺寸分布，测试结果表明缝洞储集体孔隙尺寸分布范围广，且呈双峰态分布。1 号样品次生孔隙发育，弛豫时间分布在 0.1~2500ms 之间，T_2 谱呈双峰态分布，说明基质孔隙和次生孔隙共存。4 号样品角砾充填，大尺寸孔隙含量较高。5 号样品为缝洞储集体基岩部分，小尺寸的基质孔隙比例高。

物性测试结果表明缝洞储集体物性差，岩性致密。核磁共振测试结果表明缝洞储集体孔隙结构复杂，导致缝洞储集体渗透率计算精度不高，有必要开展系统的渗透率数值模拟研究。

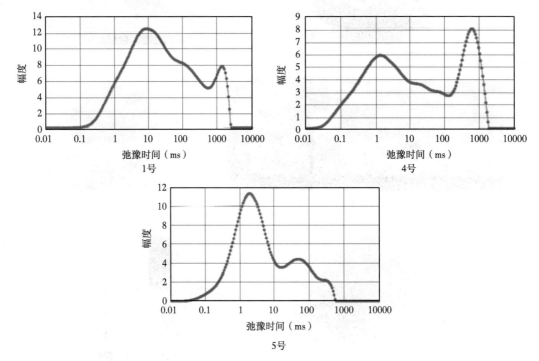

图 3.5.4　核磁共振 T_2 分布谱

3.5.2.2　缝洞储集体多尺度孔隙网络模型建模

为了准确计算缝洞储集体的渗透率，需识别不同尺度下的孔隙，通过尺度融合建立多尺度孔隙网络模型。

不同物理成像测试方法识别孔隙能力不同。X 射线 CT：样品尺寸大，分辨率较低，建立样品三维灰度图像，可获得大尺寸次生孔隙。MAPS：分辨率高，采用 SEM 对样品表面每一单元成像，再通过图像拼接形成二维大尺寸高精度图像，可获得小尺寸基质孔隙。QEMSCAN：结合 SEM 和散射能谱（EDS），获得矿物组分二维嵌布图像。

（1）X 射线 CT 扫描建立粗尺度孔隙网络模型。

X 射线 CT 是一种无损三维成像方法，通过扫描实验获取岩心的三维灰度图像，灰度值反映了岩石不同组分对 X 射线吸收系数的差异，可区分岩石骨架和孔隙空间。主流的 X 射线 CT 的空间分辨率为微米级，所以无法准确识别碳酸盐岩全部基质孔隙。CT 图像大都是灰度图像，利用 ImageJ 等软件对灰度图像进行区域选取、降噪处理、图像分割与后处理，得到二值化图像，如图 3.5.5 所示，其中黑色区域代表样本内的孔隙，白色区域代表骨架颗粒。

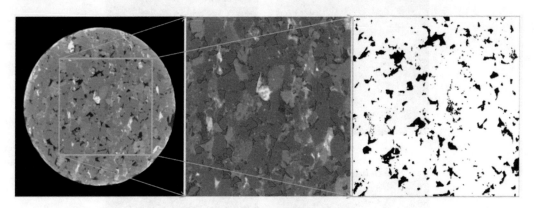

图 3.5.5　岩心样品微米级 CT 图像分割过程

图 3.5.6 为 X 射线 CT 建立灰度图像的二维切面，扫描样品尺寸和分辨率见表 3.5.2。采用相同的仪器，样品尺寸增大，扫描分辨率减小。1 号样品次生孔隙发育，X 射线 CT 可识别裂缝和孔洞，其余样品基本无法识别孔隙。采用图像分割算法，将灰度图像区分为岩石骨架和孔隙，建立二值化的三维数字岩心，如图 3.5.7 所示，图中蓝色区域为孔隙，骨架设置为透明。统计三维数字岩心的孔隙度，与实验结果比较，见表 3.5.2。结果表明 X 射线 CT 识别孔隙度远低于气测孔隙度，且识别孔隙无法形成贯通整个样品的渗流通道，无法直接模拟渗透率。6 号岩心取自 5 号岩心，扫描分辨率高，但识别孔隙度小于 5 号岩心。这是由于 6 号岩心尺寸小，代表性差。

表 3.5.2　X 射线 CT 构建三维数字岩心结果

编号	样品直径 （mm）	扫描分辨率 （μm/voxel）	气测孔隙度 （%）	CT 识别孔隙度 （%）	识别孔隙 是否贯通
1	60	40	1.18	0.6	否
2	60	40	无	无	否
4	25.4	15	3.40	0.3	否
5	25.4	15	2.97	0.9	否
6	4	2.5	取自 5 号岩心	0.08	否

X 射线 CT 构建的三维数字岩心是三维数字图像，不便于渗透率数值模拟，因此需要将孔隙空间简化，将尺寸大的部分视为孔隙体，连接孔隙体且尺寸较小部分视为喉道，建立孔隙网络模型。一方面提高了三维数字岩心的存储效率，另一方面也便于不同尺度下孔隙信息的耦合。最大球法是用不同尺寸的内切球将岩石图像孔隙空间填充，提取出由最大球组成的一个骨架结构作为孔隙网络模型。该算法的核心步骤是首先以孔隙空间的每一个像素点为圆形，按照一定半径大小逐渐生成大小不同的内切球形成孔隙簇，当球的边界接触到骨架时停止膨胀，然后删除孔隙簇中的冗余球，即将包含在大球中的小球删除，最终

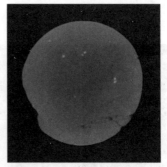

a. 1号样品，全直径+裂缝孔洞型

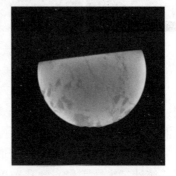

b. 2号样品，全直径+充填洞穴型

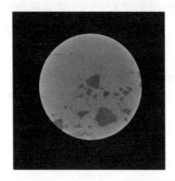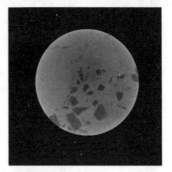

c. 4号样品，柱塞样+充填洞穴型

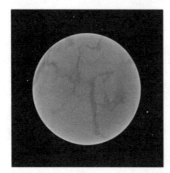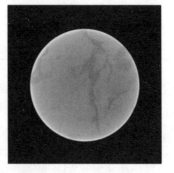

d. 5号样品，柱塞样+基质

图 3.5.6　岩心样品扫描图片

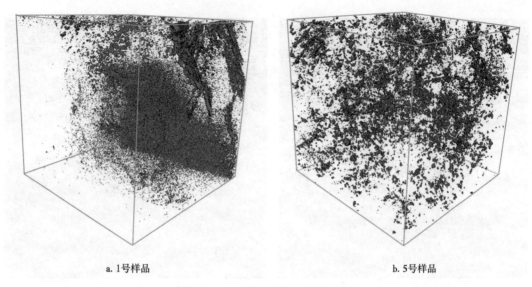

a. 1号样品　　　　　　　　　　　　　　　　　b. 5号样品

图 3.5.7　三维数字岩心孔隙空间

形成孔隙链。这些球定义为孔隙，孔隙链中的局部最小球定义为喉道，当搜索到连续平直大小均匀的球发育时定义为裂缝。通过最大球算法可以提取数字岩心的孔隙网络模型（图 3.5.8）。

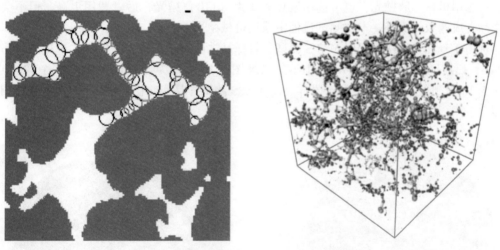

图 3.5.8　最大球提取孔隙网络模型原理示意图

　　1 号和 5 号样品的孔隙网络模型如图 3.5.9 所示。1 号样品次生孔隙发育，孔隙空间分布非均质性强，存在一条界面缝。5 号样品孔隙空间分布相对均质。由于 CT 识别的孔隙不连通，所以需要在更高分辨率下识别基质孔隙。

　　（2）MAPS 测试识别基质孔隙。

　　X 射线 CT 仅识别了缝洞储集体全部孔隙的一小部分，若要准确模拟渗透率，还必须定量分析未识别孔隙空间的分布规律。

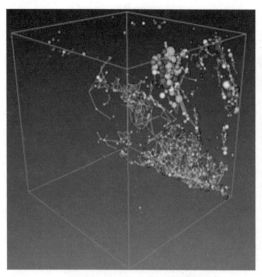

图 3.5.9　最大球提取孔隙网络模型

　　MAPS 将岩石切面划分单元，每个单元分别进行 SEM 成像，然后将单元图像拼接，形成切面的 SEM 图像，可实现图像的缩放等功能。该过程与 Google 地图实现功能类似，因此简称为 MAPS，其精度可达 10nm。为保证测试结果的准确性，必须对样品表面进行抛光，可选用机械打磨抛光，也可选用聚焦离子束（FIB）抛光，后者费用更高，但不会污染样品，成像效果更好。本次测试过程中采用机械抛光方法。

　　选用 4 号和 5 号样品开展 MAPS 测试，将样品端面喷涂碳粉，并抛光。选用分辨率为 100nm，扫描区域面积约为 1cm×1cm，二维图像尺寸约为 100000×100000 个像素点。图 3.5.10 为制备的 4 号样品和 5 号样品的 MAPS 测试样品实物图。图 3.5.11 为全部扫描区域。

a. 4号样品　　　　　　　　　　　　　　　　　　　b. 5号样品

图 3.5.10　样品实物照片

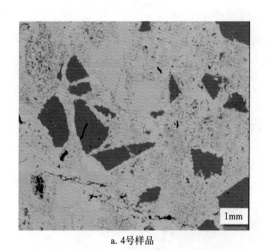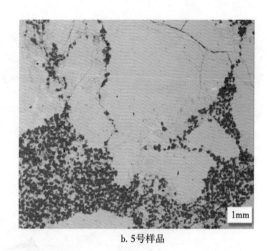

a. 4号样品　　　　　　　　　　　　　b. 5号样品

图 3.5.11　MAPS 扫描区域

　　4 号样品和 5 号样品骨架主要有两种矿物组分构成，在低分辨率下，无法识别骨架中的孔隙，随着分辨率的提高，石灰岩和白云岩颗粒间发育大量的基质孔隙，如图 3.5.12 和图 3.5.13 所示。

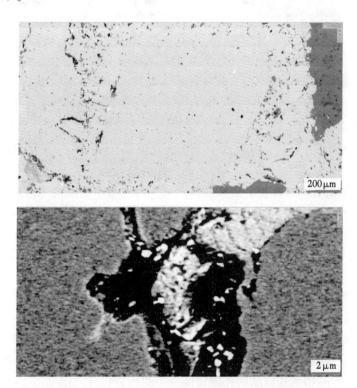

图 3.5.12　4 号样品不同分辨率下的 MAPS 图像

　　采用图像处理方法，将 MAPS 灰度图像分割为二值化图像。采用簇标记算法（HK 算法）将相邻的单个孔隙像素点记为一个孔隙簇，然后统计所有孔隙簇的等效半径。HK 算

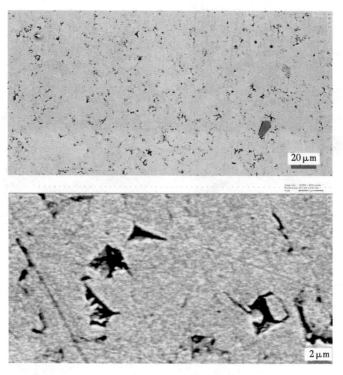

图 3.5.13　5 号样品不同分辨率下的 MAPS 图像

法是一种基于网格的标记算法，每个网格具有两种状态："占用"和"空闲"，算法中的网格与三维数字岩心中的像素（二维）或体素相同。在孔隙簇标记算法中，将位于孔隙的体素状态设为"占用"，其余组分的状态均设为"空闲"。若孔隙体素周围没有状态为"占用"的体素，则将该孔隙体素视为一个新的孔隙簇，赋予一个新的孔隙簇标记。若孔隙体素周围存在一个状态为"占用"的体素，则将该孔隙体素与"占用体素"视为一个孔隙簇，采用相同的孔隙簇标记。若孔隙体素周围存在多个状态为"占用"的孔隙，则选择"占用"状态中孔隙簇标记最小的标记作为该孔隙簇标记。具有相同孔隙簇标记的体素视为一个孔隙体。统计每一个孔隙所包含的像素（二维）或体素（三维）个数，根据三维数字岩心分辨率，可得孔隙的面积（二维）或体积（三维），最终可求得孔隙的等效圆或球半径。

根据二维孔隙半径与三维孔隙半径之间的对应关系，在二维孔隙半径基础上乘以常数 4/3，得到基质孔隙的半径分布曲线。

分辨率为 100nm，4 号样品 MAPS 识别孔隙度为 3%，5 号样品 MAPS 识别孔隙度为 2.1%。基质孔隙半径大都分布在 $0.1 \sim 100\mu m$ 之间，X 射线 CT 基本无法识别。图 3.5.14 为 4 号样品和 5 号样品的孔隙尺度分布曲线。

（3）随机过程模拟构建细尺度孔隙网络模型。

X 射线 CT 识别的孔隙自身不连通，需通过基质孔隙连接。MAPS 测试结果仅提供了岩石微观结构的二维图像，无法直接提取三维孔隙网络模型。但 MAPS 测试结果给出了基质孔隙的尺寸分布曲线和空间分布特征。4 号和 5 号岩心 MAPS 测试结果均表明基质孔隙

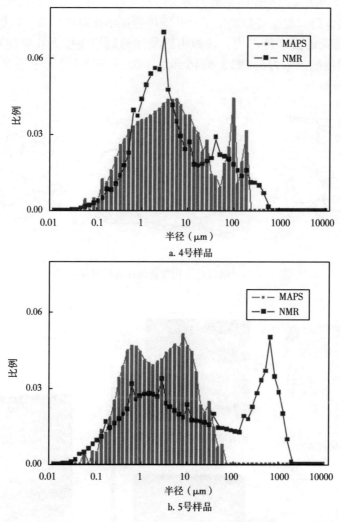

图 3.5.14　MAPS 获取的基质孔隙尺寸分布曲线

空间分布较为均匀。

以 X 射线 CT 构建三维数字岩心尺寸为基础，首先建立一个尺寸相同的空立方体盒子，然后基质孔隙尺寸分布曲线约束下，在立方体盒子中随机置入孔隙体，要求置入孔隙体与 CT 建立的次生孔隙网络模型中的孔隙体和喉道在空间中不重叠。以孔隙体和喉道的相关性为基础，在配位数（即一个孔隙体连接喉道的个数）的约束下，在立方体盒子中置入喉道，连接已置入的孔隙体，形成小尺寸孔隙网络模型。上述过程以岩心总孔隙度作为约束条件。

基于 X 射线 CT 建立的三维数字岩心构建了大尺寸的孔隙网络模型。基于 MAPS 测试提供的孔隙尺寸和空间分布特征，采用随机法构建了小尺寸的孔隙网络模型。多尺度孔隙网络模型叠加是将两组或多组不同尺度下的孔隙网络利用额外的喉道跨尺度连接起来。需要确定两个参数：孔隙间距的最大值和孔隙的跨尺度配位数。图 3.5.15a 中红色代表大尺寸的孔隙体和喉道，黑色代表小尺寸孔隙体和喉道。图 3.5.15b 中以孔隙体 N1 为圆心的蓝色阴影球的半径为定义的孔隙间距最大值,即只有位于该球内的小孔隙体才可能与大尺寸孔隙体 N1 连接。跨尺度配位数规定了大孔隙体连接小孔隙体个数,根据跨尺度配位数,孔隙间距最大值定义的搜索范围内,按照由近及远的顺序连接大孔隙体和小孔隙体,图 3.5.15c 显示跨尺度配位数为 5。图 3.5.16 和图 3.5.17 分别为 1 号岩心和 5 号岩心多尺度孔隙网络模型建模结果。

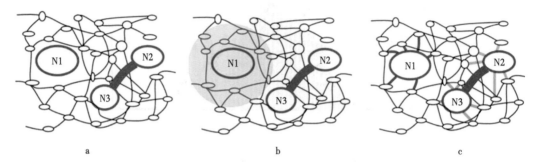

图 3.5.15　耦合算法构建缝洞体孔隙网络模型

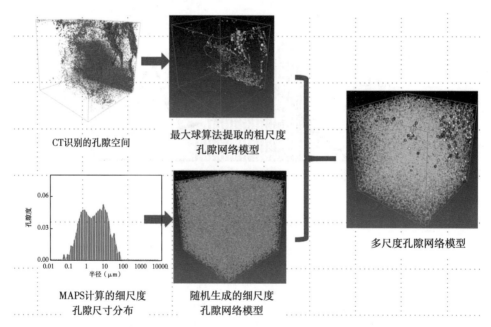

图 3.5.16　1 号岩心多尺度孔隙网络模型建模结果

孔隙网络模型绝对渗透率采用达西定律计算,建模过程中的可调参数包括孔隙间距最大值、孔隙跨尺度配位数和随机孔隙网络模型配位数等。

采用相同的建模参数,4 号岩心和 5 号岩心渗透率数值模拟结果与实验测量结果基本吻合,见表 3.5.3,为后续开展渗透率变化规律模拟奠定了基础。

(4)渗透率计算与分析。

在细尺度孔隙网络模型基础上,置入孔洞和裂缝构建等效的缝洞储集体多尺度孔隙网络模型。

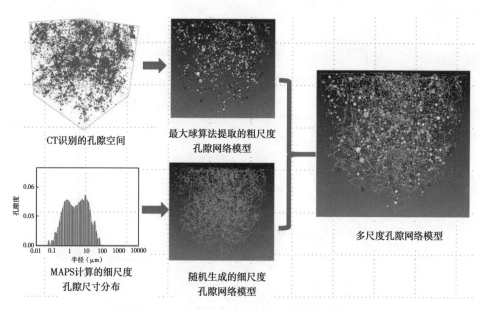

图 3.5.17 5 号岩心多尺度孔隙网络模型建模结果

表 3.5.3 多尺度孔隙网络模型渗透率模拟结果

岩心编号	气测孔隙度（%）	CT 识别孔隙度（%）	多尺度孔隙网络模型孔隙度（%）	气测渗透率（mD）	多尺度孔隙网络模型渗透率（mD）
1	1.18	0.6	1.3		0.002
4	3.40	0.3	3.8	0.004	0.002
5	2.97	0.9	3.1	0.035	0.097

首先在基质孔隙网络模型基础上随机置入孔洞，构建具有不同孔隙度的多尺度孔隙网络模型，如图 3.5.18 所示。计算绝对渗透率，得到孔隙度对渗透率影响规律曲线，如

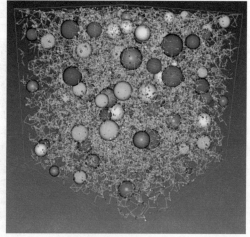

图 3.5.18 不同孔洞孔隙度的多尺度孔隙网络模型

图 3.5.19 所示。

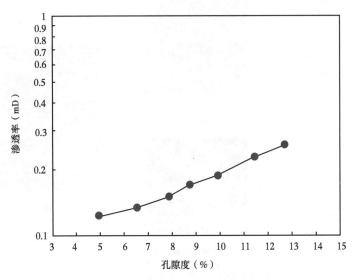

图 3.5.19　溶孔孔隙度对渗透率影响规律研究

根据分形算法生成表面粗糙的裂缝模型，然后与基质孔隙耦合，建立多尺度裂缝孔隙网络模型，如图 3.5.20 所示。将模型分为两类：一类是内部裂缝，不贯穿岩心，另一类

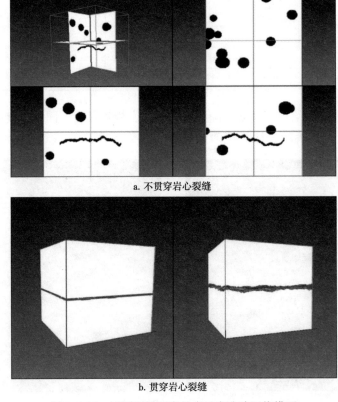

a. 不贯穿岩心裂缝

b. 贯穿岩心裂缝

图 3.5.20　不同裂缝开度的多尺度孔隙网络模型

是裂缝贯穿岩心，是流体运移的主要通道。建立具有不同裂缝开度的多尺度网络模型，模拟绝对渗透率，分析裂缝开度对渗透率的影响规律，如图3.5.21和图3.5.22所示。

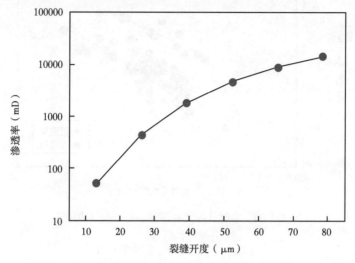

图3.5.21 （贯穿）裂缝开度对渗透率影响规律研究

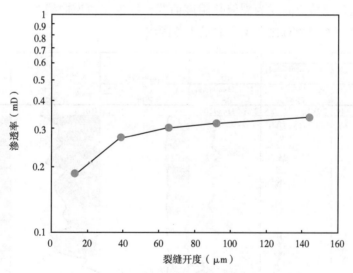

图3.5.22 （未贯穿）裂缝开度对渗透率影响规律研究

孔隙度对渗透率的影响很小，这与常规岩心分析得到的结论一致，鉴于裂缝开度对渗透率的巨大影响，在计算渗透率时需以裂缝参数为自变量。但对于常规测井来说，裂缝开度很难计算，因此，选用裂缝孔隙度来计算渗透率。通过与全直径岩心资料的对比发现，虽然孔隙度对渗透率的影响小，但是孔隙发育有益于孔隙连通性的改善。按裂缝孔洞型和裂缝型两种缝洞体类型分别建立渗透率计算模型（图3.5.23）。

裂缝—孔洞型：

$$\lg K = 0.817\lg\phi_2 + 1.22 \tag{3.5.1}$$

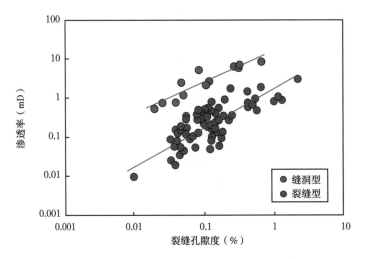

图 3.5.23　裂缝孔隙度对渗透率的影响规律研究

裂缝型：

$$\lg K = 0.8771\lg\phi_2 + 0.157 \tag{3.5.2}$$

图 3.5.24 为应用式（3.5.1）、式（3.5.2）处理渗透率的成果图，粉色充填道曲线为孔隙度曲线，蓝色充填道曲线为裂缝孔隙度曲线，绿色充填道曲线为计算得到的渗透率，计算渗透率与岩心渗透率对比在 1 个数量级范围内。

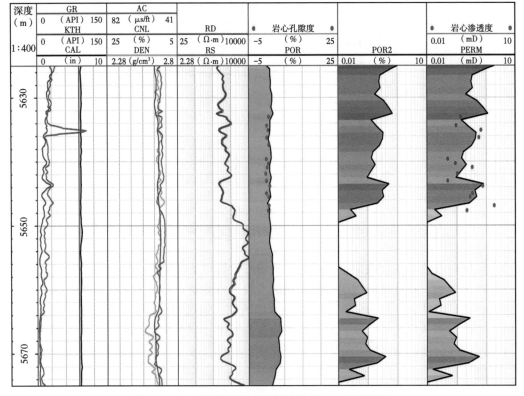

图 3.5.24　基于数字岩心计算渗透率方法处理成果

3.5.3 电成像测井计算渗透率方法

井壁电成像测井能够提供连续的高分辨率图像，该测井仪器采用纽扣电极系测量，深度上的采样间隔为 0.1in，分辨率为 0.2in。电成像测井资料以往多用于识别裂缝、对裂缝参数进行计算等，在缝洞储集体测井解释评价中发挥重要的作用。电成像测井资料除了可以清晰直观反映地下情况之外，还包含了大量的电导率信息，将该电性信息转换为孔隙度信息之后，能够有效分析孔隙发育情况。应用阿尔奇公式将每个成像测井像素点的电导率转换成孔隙度，并进行统计分布，可明确地层中孔隙分布情况，进而更好地计算渗透率。

3.5.3.1 建立孔隙度谱

经浅电阻率刻度过的井壁电成像实质上是冲洗带井壁的电导率图像。利用阿尔奇公式：

$$S_{xo} = \frac{aR_{mf}}{\phi_m R_{xo}} \qquad (3.5.3)$$

可得：

$$\phi^m = \frac{aR_{mf}}{S_{xo}^n R_{xo}} \qquad (3.5.4)$$

由式（3.5.4）可得到一个计算井壁电成像测井每个电极纽扣电导率转换成孔隙度的公式：

$$\phi_i = \left(\phi^m R_{xo} C_i \right)^{\frac{1}{m}} \qquad (3.5.5)$$

电成像测井中，每个深度点有 192 个数据，能够转换成 192 个孔隙值。将孔隙度按区间进行统计，得到频率谱，即为井壁电成像测井的孔隙度频率谱（图 3.5.25）。

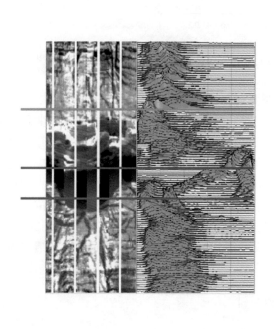
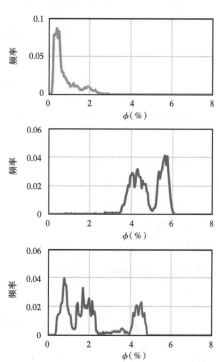

图 3.5.25　井壁电成像孔隙度谱

3.5.3.2 应用孔隙度谱构建电成像伪毛管压力曲线

形成的电成像孔隙度谱类似于核磁共振 T_2 谱的孔隙度频率分布曲线，其方法原理为：以孔隙度的倒数为纵坐标，含油饱和度为横坐标，从大孔隙（油气先充注到大孔隙中）向小孔隙逐点进行反向累加（反向累加是对归一化孔隙度谱的逐点累加，即油气逐渐进入更小的孔隙中，反映含油饱和度逐渐增加的过程），得到孔隙度频率谱反向累加曲线，它与毛管压力 p_c 曲线物理意义较接近（图 3.5.26）。

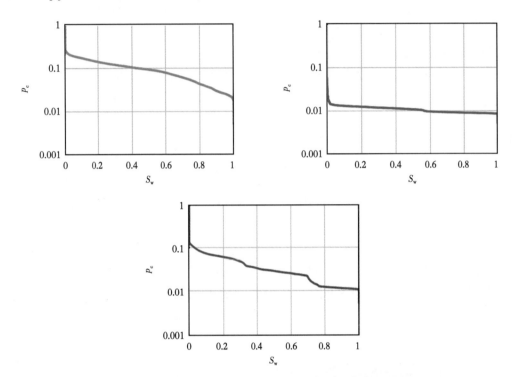

图 3.5.26　井壁电成像生成伪毛管压力曲线

3.5.3.3 提取孔隙结构参数，建立渗透率测井解释模型

基于岩心分析发现，毛管压力曲线绘制于双对数坐标系中，其形态近似于双曲线。有效控制流体流动的主孔隙系统的汞饱和度与双对数坐标系下的毛管压力曲线拐点是相对应的，拐点处的汞饱和度代表对流体流动具有贡献的那部分孔隙空间的体积，而对应的毛管压力指连通整个有效孔隙空间的最小喉道大小。在拐点处，进汞饱和度与毛管压力的比值最大，将进汞饱和度除以毛管压力的最大值定为 swanson 参数，该参数表示在单位压力内进汞量最多，因此渗透率与 swanson 参数具有良好的相关性（图 3.5.27 和图 3.5.28）。应用井壁电成像孔隙度谱形成的伪毛管压力曲线可得到 swanson 参数，进而建立渗透率测井解释模型（图 3.5.29）：

$$K = a\left(\frac{S_{Hg}}{p_c}\right)^b_{max}$$

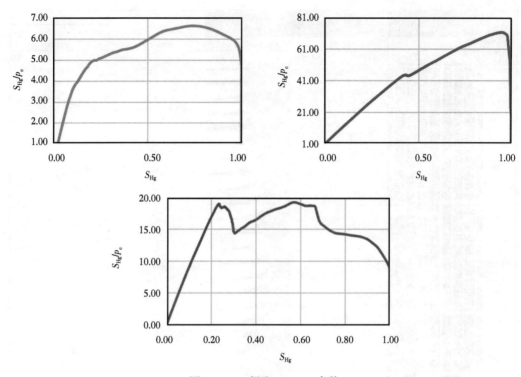

图 3.5.27 提取 swanson 参数

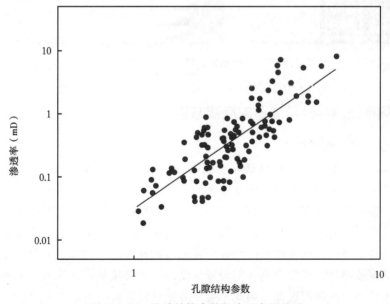

图 3.5.28 孔隙结构参数与渗透率的关系

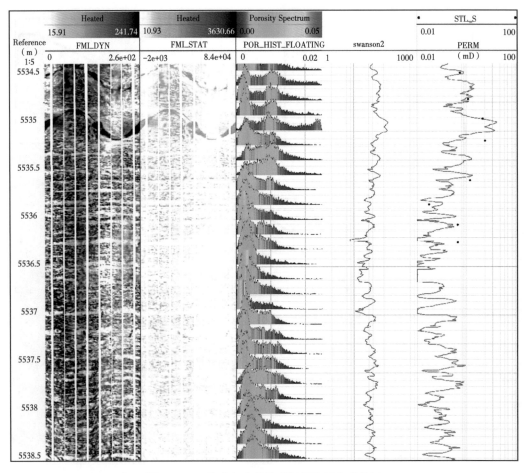

图 3.5.29　井壁电成像处理解释渗透率成果图

3.5.4　阵列声波测井计算渗透率反演方法

3.5.4.1　斯通利波的传播特性

依据 Biot 理论，有三种波可以在充满液体的孔隙介质中传播，这三种波是快速纵波、横波和慢速纵波。其中快速纵波和横波主要与孔隙介质骨架的弹性有关，而受孔隙中流体的影响较小。慢速纵波则主要与孔隙中的流体运动有关，受孔隙介质骨架弹性的影响较小。渗透性地层与井中声波，特别是与斯通利波的相互作用，是通过地层孔隙流体中的慢速纵波的激发和传播造成的，这是由测井斯通利波计算渗透率的理论基础。快速纵波和横波可以直接从声波测井资料中得到，但慢速纵波却不能直接从声波测井中获得，原因是它的波速永远小于井中流体的波速，因此不会在井壁处发生折射并沿井壁传播。然而，井中流体和孔隙流体之间的压力传递，却可以体现出这种慢波的效应。作为以井中流体为载体的低频压力波，斯通利波对井壁上的这种与孔隙流体有关的压力传递最为敏感，因此斯通利波被视为声波测量地层渗透性能的重要手段。

斯通利波是一种沿井壁传播的、在井壁和声波探头之间环状空间中的流体（一般是井内钻井液）中产生的导波，即当声波脉冲与井壁和井内流体的界面相遇时就会产生斯通利波。斯通利波在全波列上具有波幅相对较大、频率较低、速度低于井内的流体纵波声速等突出的特点。斯通利波频率一般小于 5000Hz，在流体和固体交界面处波幅最大，在流体介质中斯通利波的衰减最快。

斯通利波的传播受多种因素影响，其中包括地层渗透率和开裂缝。斯通利波对地层的弹性特征、渗透率及井眼裂缝特别灵敏。斯通利波在渗透性地层中的传播理论表明，渗透率可造成斯通利波衰减增强及波速减小。利用斯通利波的幅度和慢度，可以估算地层的渗透率。斯通利波能量定性指示渗透性地层，斯通利波能量衰减大，表示渗透率高；反之则表示渗透率低。

斯通利波衰减增强的特征是频率下移，波速减小的特征是传播时间滞后，因此通过正确显示频移和时滞，可用上述两个特征来指示地层的渗透率。

斯通利波是由地层与井中流体的相互作用，引起井壁微观扭曲而形成，它的相速度小于井中流体速度，有轻微的散射。斯通利波的幅度在井壁两侧以指数形式减小，所以对井径十分敏感。斯通利波没有截止频率，当仪器的频率较低（小于 8kHz），它的幅度较大，在波串中更易识别。

井眼斯通利波可受到若干因素的影响，这些因素包括测量系统、岩层弹性和流体运移性质。由于是一种产生于井内流体的导波，斯通利波对井内流体和测井仪器（测井仪尺寸和刚性）敏感，也对地层弹性敏感，尤其是对地层剪切强度。当地层弹性性质是横向各向同性时，斯通利波受到横向各向同性的影响。此外，当岩层为渗透性时，井眼和地层之间的液压交换改变了斯通利波的传播特性。渗透率对井眼斯通利波的影响已经为许多文献所证明。在低频区，地层渗透性降低了斯通利波速度（或增大斯通利波时差）和造成斯通利波衰减。

3.5.4.2　渗透性地层井孔理论简化模型

Biot 考虑固体颗粒与孔隙流体之间的黏滞耦合，将固体骨架中的弹性运动与孔隙流体的波动，即孔隙流体与固体框架之间的相对运动，以此来研究孔隙固体中波的传播问题。他做了三个主要的假设：（1）孔隙尺度以及固体颗粒的尺度都远远小于波长；（2）所有固体颗粒都相互连接；（3）孔隙空间也相互连接。基于这些假设，可以得到应力–位移本构关系。

斯通利波是一种轴对称波，与方位角 θ 无关，它所对应的井中流体的位移势函数满足下列波动方程：

$$\nabla_t^2 \phi_f + \frac{\partial^2 \phi_f}{\partial z^2} + k_f^2 \phi_f = 0 \qquad (3.5.6)$$

其中的二维拉普拉斯算符是：

$$\nabla_t^2 = \frac{\partial^2}{\partial r^2} + \frac{1}{r}\frac{\partial}{\partial r} \qquad (3.5.7)$$

井内流体的压力和位移可以用位移势函数表达为：

$$\begin{cases} p_{\mathrm{f}} = p_{\mathrm{f}} \omega^2 \phi_{\mathrm{f}} \\ u_{\mathrm{f}} = \dfrac{\partial \phi_{\mathrm{f}}}{\partial \mathrm{r}} \end{cases} \tag{3.5.8}$$

对于在井中传播的斯通利波，可以将随轴向和径向变化部分用分离变量法分开：

$$\begin{cases} \phi_{\mathrm{f}}(r,\ z) = \varphi(r) \exp(\mathrm{i}kz) \\ p_{\mathrm{f}}(r,\ z) = p'(r) \exp(\mathrm{i}kz) \\ u_{\mathrm{f}}(r,\ z) = u'(r) \exp(\mathrm{i}kz),\ (r \leqslant R) \end{cases} \tag{3.5.9}$$

利用式（3.5.8）和式（3.5.9），可以将只与径向变化有关的流体位移势 ϕ_{f} 与径向到时联系起来（图 3.5.30）：

$$\frac{\partial \varphi}{\partial r} - \left(\rho_{\mathrm{f}} \omega^2 \frac{u'}{p'}\right)\varphi = 0 \tag{3.5.10}$$

当式（3.5.10）在井壁处（$r=R$）取值时，就成为 φ 的边条件。因此，φ 的确定变成了下述的边值问题：

$$\begin{cases} \nabla_{\mathrm{t}}^2 \varphi + \gamma^2 \varphi = 0,\ (\gamma^2 = k_{\mathrm{f}}^2 - k^2) \\ \partial_{\mathrm{r}} \varphi = \rho_{\mathrm{f}} \omega^2 (u'/p') \varphi \quad (r = R) \end{cases} \tag{3.5.11}$$

井壁上的 u'/p' 是井壁处（$r=R$）位移与压力的比值，称为声波的导纳（即阻抗的倒数）。如果井壁存在渗透性，那么径向位移 u' 包括两方面的贡献：第一方面是井壁的弹性位移 u_{e}' 的贡献；第二方面是井内流体流入井壁处开放孔隙中的贡献 $\phi u_{\mathrm{f}}'$，这里 ϕ 是地层的孔隙度。

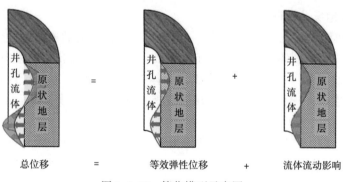

图 3.5.30　简化模型示意图

将 Biot-Rosenbaum 模型中的孔隙流体流动和弹性地层分开考虑，一个相当于等效弹性孔隙地层问题，这个问题中只需要考虑 P 波和 S 波，他们与 Biot 理论的快速纵波和横波类似；第二个问题主要是孔隙流体的流动问题，相当于 Biot 的慢速纵波。这样就将式（3.5.8）分解成如下的两个问题：

$$\begin{cases} \varphi = \varphi_{\mathrm{e}} + \varphi_{\mathrm{f}} \\ \gamma^2 = \gamma_{\mathrm{e}}^2 + \gamma_{\mathrm{f}}^2 \end{cases} \tag{3.5.12}$$

式中 φ_{f} 和 γ_{f}——分别是对 φ_{e} 和 γ_{e} 的微扰。

这种微扰是由于井壁处声波激发的地层孔隙流体的流动造成的。其中的弹性问题的井中流体的位移势 φ_{e} 满足下面的边值问题：

$$\begin{cases} \nabla_{\mathrm{t}}^2 \varphi_{\mathrm{e}} + \gamma_{\mathrm{e}}^2 \varphi_{\mathrm{e}} = 0 (\gamma_{\mathrm{e}}^2 = k_{\mathrm{f}}^2 - k_{\mathrm{e}}^2) \\ \partial_{\mathrm{r}} \varphi_{\mathrm{e}} = \rho_{\mathrm{f}} \omega^2 (u'_{\mathrm{e}}/p') \varphi_{\mathrm{e}} (r = R) \end{cases} \tag{3.5.13}$$

将式（3.5.12）、式（3.5.13）代入式（3.5.11）得关于 φ_{f} 的边值问题：

$$\begin{cases} \nabla_{\mathrm{t}}^2 \varphi_{\mathrm{f}} + \gamma_{\mathrm{e}}^2 \varphi_{\mathrm{f}} = - \gamma_{\mathrm{f}}^2 \varphi \\ \partial_{\mathrm{r}} \varphi_{\mathrm{f}} = \rho_{\mathrm{f}} \omega^2 (u'_{\mathrm{e}}/p') \varphi_{\mathrm{f}} + \rho_{\mathrm{f}} \omega^2 (u'_{\mathrm{f}}/p') \varphi \quad (r = R) \end{cases} \tag{3.5.14}$$

井壁处的边界条件及其在井内流体中的影响由以下的二维格林定理来联系：

$$\iint_A (\varphi_{\mathrm{e}} \nabla_{\mathrm{t}}^2 \varphi_{\mathrm{f}} - \varphi_{\mathrm{f}} \nabla_{\mathrm{t}}^2 \varphi_{\mathrm{e}}) \mathrm{d}A = \oint_s (\varphi_{\mathrm{e}} \frac{\partial \varphi_{\mathrm{f}}}{\partial r} - \varphi_{\mathrm{f}} \frac{\partial \varphi_{\mathrm{e}}}{\partial r}) \mathrm{d}S \tag{3.5.15}$$

式中 A——井的面积；

S——井的边界，$r=R$。

利用式（3.5.14）和式（3.5.15）中相应的边界条件，得到：

$$\gamma_{\mathrm{f}}^2 = - \rho_{\mathrm{f}} \omega^2 \phi \left(\frac{u'_{\mathrm{f}}}{p'} \right) \frac{\oint_s \varphi \varphi_{\mathrm{e}} \mathrm{d}S}{\iint_A \varphi \varphi_{\mathrm{e}} \mathrm{d}A} \tag{3.5.16}$$

对其进行简化总结，利用关系式 $\gamma_{\mathrm{f}}^2 = \gamma^2 - \gamma_{\mathrm{e}}^2 = k_{\mathrm{e}}^2 - k^2$，得孔隙地层斯通利波波数：

$$k = \sqrt{k_{\mathrm{e}}^2 + \frac{2\mathrm{i}\rho_{\mathrm{pf}}\omega\kappa(\omega)R}{\eta(R^2 - a^2)} \sqrt{-\mathrm{i}\omega/D + k_{\mathrm{e}}^2 \frac{K_1(R\sqrt{-\mathrm{i}\omega/D + k_{\mathrm{e}}^2})}{K_0(R\sqrt{-\mathrm{i}\omega/D + k_{\mathrm{e}}^2})}}} \tag{3.5.17}$$

3.5.4.3 利用阵列声波反演地层渗透率

从测井声波中提取渗透率过程有波场分离、正演模拟和（渗透率的）反演计算三个主要步骤。前两步目的是把与渗透率有关的部分和与渗透率无关的信息区分开，波场分离可压制噪声及井和地层界面反射或散射等的影响，正演模拟给出地层弹性以及井径的变化对波的传播的影响，理论模拟计算与实际测量数据之间的差别主要反映了地层渗透率的影响。图 3.5.31 为斯通利波反演渗透率流程图。

（1）波场分离——线性传播理论。

波场分离将测井声波中的斯通利波分解成直达波、下行斯通利波和上行斯通利波，该方法需要将波场数据排列成阵列的形式。这种阵列数据可以是实际测井仪器中的接收器阵列数据，也可以是某一接收器上的声波数据按一系列测井深度组合而成的阵列数据（又称等源距数据），波场分离技术是基于阵列中不同振相的偏移速度（或慢度）不同这一事实而导出的。

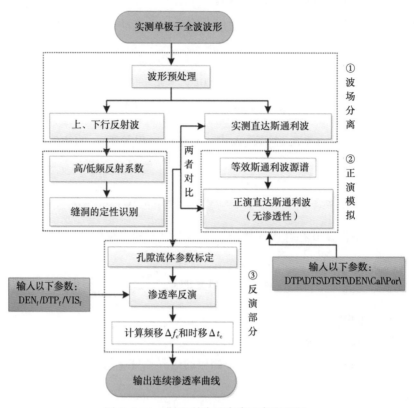

图 3.5.31　斯通利波反演渗透率流程图

假设阵列数据中有 N 个等间距排列的波列，每一个波列中有 p 个不同的振型。为了计算阵列中第 n 个位置上的波形中全部 p 个振型的频谱，可以将阵列中其他位置上的波形中相应振型联系起来加以利用。为此，可以利用向前或向后传播这些振型的方法，利用相应振型的慢度将其传播到阵列中其他波列位置上。例如，将阵列中第 n 个位置上的振型 $h_r(\omega)$（$r=1,\cdots,p$）传播到位置 m 处，在频域中这种传播的数学表达为 $h_r(\omega)Z_r^{m-n}$，$Z_r=\exp(\mathrm{i}\omega s_r d)$，式中：$s_r$ 是第 r 个振型的慢度，注意，这里的慢度可以是频率的函数。其中位置指标 m 可以小于、等于或大于 n。然后，可以将传播到同一位置上所有振型的频谱求和，并令其与该位置上实际测量的波频数据做比较，令它们相等。这样便可导出以下求解各振型频谱的线性方程组，用矩阵形式为：

$$\text{第 } n \text{ 行} \longrightarrow \begin{bmatrix} Z_1^{1-n} & \cdots & Z_p^{1-n} \\ \vdots & & \vdots \\ Z_1^{0} & \cdots & Z_p^{0} \\ \vdots & & \vdots \\ Z_1^{N-n} & \cdots & Z_p^{N-n} \end{bmatrix} \begin{bmatrix} h_1(\omega) \\ \vdots \\ h_p(\omega) \end{bmatrix} = \begin{bmatrix} W_1(\omega) \\ W_2(\omega) \\ \vdots \\ W_N(\omega) \end{bmatrix} \tag{3.5.18}$$

或者写成矩阵形式 $\boldsymbol{Zh}=\boldsymbol{W}$，因为阵列中波列的数目 N 通常远大于振型的数目 p，对每一给定频率 ω，式（3.5.18）可以利用最小二乘方法求解。各振型频谱的最小二乘解的矩阵形式为：

$$h = (\tilde{Z}Z)^{-1}\tilde{Z}W \qquad\qquad (3.5.19)$$

式中，"~"表示复共轭。式（3.5.19）给出了每一个振型在阵列中位置 n 上的波谱 h。将得到的 p 个振型的频谱变换到时间域，就得到对应于 p 个振型的 p 个波列。由式（3.5.19）得到的每一个振型的频谱是整个阵列叠加后的结果。这一点可以从最小二乘解中的算符 $\tilde{Z}W$ 看到，它表示以待求振型之频谱的慢度 s_r（$r=1$，…，p）将阵列数据 W 进行相移，也就是说，将所有接收器的数据 W 传播到位置 n 上，然后叠加。为了便于理解，可以从几何直观上给这种波场分离法一个解释，即为了分离波列中的某一振型，可将阵列数据沿该振型的阵列中的时移的斜率投影，然后叠加，进一步运算可得到该振型。图 3.5.32 为现场斯通利波波场分离处理结果。

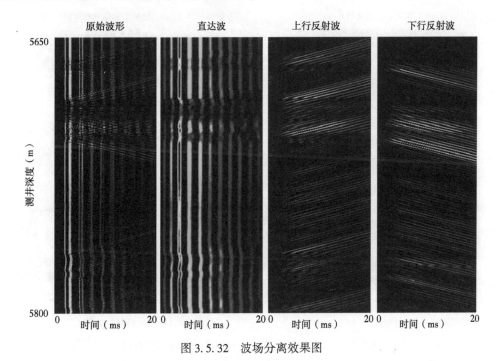

图 3.5.32　波场分离效果图

（2）模拟沿井轴方向传播的传播矩阵方法。

模拟过程中，先把地层离散化，分成一系列薄层，薄层模型中有一个形状不规则的井，测井仪器位于井的中心。模型中每一个薄层都可视为一个深度区间，其厚度可以很方便地定义成测井仪器移动的距离间隔，这同时也是测井数据的采样间隔。因此，井的直径以及每一层的弹性常数可以直接从测井测量中得到。用传播矩阵方法来模拟斯通利波在上述离散化的地层和井径模型中的传播，矩阵元素表达了穿过不同井径及地层的斯通利波的传播时所受的影响。用矢量 $(b^+ b^-)^T$ 来表示上行 "+" 和下行 "−" 斯通利波的振幅系数。下面的方程给出了该系数矢量从井内一个深度 z_1 到另一个深度 z_2 的传播。

$$\binom{b^+}{b^-}_{z_2} = \left(\prod_{l=1}^{L} G_l \right) \binom{b^+}{b^-}_{z_1} \tag{3.5.20}$$

式中 L——z_1 到 z_2 之间的层数。

Tezuka 等（1997）研究了这个问题并导出了第 l 层的传播矩阵的一般形式，如下：

$$G_l = \begin{pmatrix} \dfrac{A_l}{A_{l-1}}\cos(k_e\Delta z) & -\dfrac{A_l}{A_{l-1}}\sin(k_e\Delta z)k_e/(\rho_f\omega^2) \\ (\rho_f\omega^2/k_e)\sin(k_e\Delta z) & \cos(k_e\Delta z) \end{pmatrix} \tag{3.5.21}$$

以上传播矩阵中，对波传播有重要影响的是从第 $l-1$ 层到第 l 层的界面两边井中流体的截面积之比 A_l/A_{l-1}，该比值描述了从第 $l-1$ 层到第 l 层井径变化对声波振幅的影响。图 3.5.33 给出了合成直达斯通利波与实际斯通利波对比图。

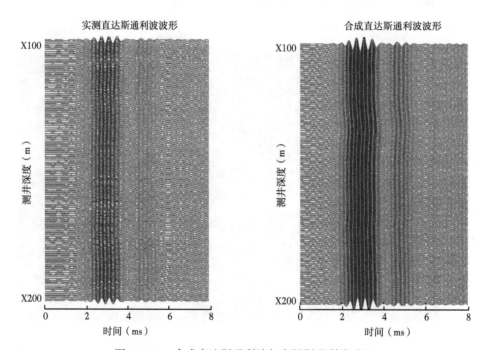

图 3.5.33   合成直达斯通利波与实际斯通利波对比

（3）判断地层中的渗透率。

渗透性地层钻井中斯通利波的传播理论表明渗透率对斯通利波的传播有两个直接影响：波的衰减增大、波的速度变小。实测波形数据中的衰减会造成其波谱相对于理论波谱的频移，这是高频能量消失的结果。而实测波形中的频散使得其走时相对于理论波形有一相对时滞。因此频移和时滞这两个参数之间的相关性或对应性可以用来判断地层的渗透性。

（4）渗透率计算

可利用简化理论公式（3.5.22）计算渗透率并同时考虑由于井内流体和地层非弹性内耗散造成的斯通利波的衰减，因为这种衰减是渗透率以外影响声波衰减和走时的因素。与渗透率相比，内耗散对频率的依赖性不同，其对声波衰减及走时的影响也不同。因此可以在计算渗透率的同时计算内耗散衰减。反演过程中将这种内耗散因素包括进来，就可以进一步研究非渗透率因素造成的影响。渗透井中，内耗散效应由式（3.5.23）的变换引进。

$$k = \sqrt{k_e^2 + \frac{2\mathrm{i}\rho_{pf}\omega\kappa(\omega)R}{\eta(R^2-a^2)} \frac{\sqrt{-\mathrm{i}\omega/D+k_e^2}}{1+BC^{(v_s/\alpha_f)}} \frac{K_1\sqrt{-\mathrm{i}\omega/D+k_e^2}}{K_0(R\sqrt{-\mathrm{i}\omega/D+k_e^2})}} \qquad (3.5.22)$$

$$k(\kappa_0,\ Q^{-1}) \rightarrow k(\kappa_0)\left(1+\frac{\mathrm{i}}{2Q}\right)\left(1+\frac{1}{\pi Q}\ln\frac{f}{f_0}\right) \qquad (3.5.23)$$

式中　k——孔隙地层斯通利波波数；

$\quad\quad k_e$——弹性波斯通利波波数；

$\quad\quad \rho_{pf}$——孔隙流体密度；

$\quad\quad \omega$——角频率；

$\quad\quad \kappa(\omega)$ ——动态渗透率；

$\quad\quad \kappa_0$——静态渗透率；

$\quad\quad \eta$——流体黏度；

$\quad\quad R$——井径；

$\quad\quad a$——仪器半径；

$\quad\quad D$——黏性流体的扩散系数；

$\quad\quad v_s$——地层横波速度；

$\quad\quad \alpha_f$——流体速度；

$\quad\quad K_1$——一阶第二类修正贝塞尔函数；

$\quad\quad K_0$——零阶第二类修正贝塞尔函数；

$\quad\quad f_0$——任意参考频率；

$\quad\quad Q$——品质因子；

Q^{-1}——波的非弹性衰减，其中大部分来自井中流体，小部分来自井外地层。

对于上述理论模型，包括渗透率影响的理论中心频率以及方差由下式计算

$$\begin{cases} f_c^{theo} = \int fPW^{syn}(f)\,|\mathrm{e}^{ikd}|\,\mathrm{d}f \big/ \int PW^{syn}(f)\,|\mathrm{e}^{ikd}|\,\mathrm{d}f \\ \sigma_{theo}^2 = \int(f-f_c^{theo})^2 PW^{syn}(f)\,|\mathrm{e}^{ikd}|\,\mathrm{d}f \big/ \int PW^{syn}(f)\,|\mathrm{e}^{ikd}|\,\mathrm{d}f \end{cases} \qquad (3.5.24)$$

式中　W^{syn}——理论计算波谱；

$\quad\quad f_c^{theo}$——理论中心频率；

$\quad\quad \sigma_{theo}$——理论中心方差；

$\quad\quad P$——渗透率造成的波谱振幅的损失，$P=k_e/k$；

$\quad\quad D$——波的传播距离；

$\quad\quad |\mathrm{e}^{ikd}|$——渗透率及内耗散造成的波沿传播路径上的振幅衰减。

利用式（3.5.24），理论频移可以由下式计算：

$$\Delta f_c^{theo} = f_c^{syn} - f_c^{theo} \qquad (3.5.25)$$

理论走时滞后可以利用频谱加权平均慢度理论计算

$$\Delta T_{c}^{theo} = \int (k d/\omega - k_e d/\omega) [\omega W^{syn}(f)]^2 df / \int [\omega W^{syn}(f)]^2 df \qquad (3.5.26)$$

比较方程 $\begin{cases} \Delta f_c = f_c^{syn} - f_c^{msd} \\ \Delta T_c = T_c^{msd} - T_c^{syn} \end{cases}$ 给出的实测频移和时间滞后与理论预测值，可形成如下目标函数，求此目标函数极小值，便得到问题解：

$$E(\kappa_0, Q^{-1}) = (\Delta f_c^{msd} - \Delta f_c^{theo})^2 / \sigma_{syn}^2 + 2\pi \sigma_{syn}^2 (\Delta T_c^{msd} - T_c^{theo})^2 + \alpha(\sigma_{syn}^2 - \sigma_{theo}^2) \qquad (3.5.27)$$

目标函数由许多频域和时域数据叠加组成，可靠地记录了时间序列和频域数据中渗透率和衰减的影响，反演过程可以采用任何合适的极小化方法。

（5）孔隙流体参数标定。

由渗透率造成的走时滞后和频移主要受下列参数组合的影响：

$$\frac{\kappa_0}{\eta K_{pf}} \ (K_{pf} = \rho_{pf} v_{pf}^2) \qquad (3.5.28)$$

式中　K_{pf}——孔隙流体的体积模量或成为不可压缩模量；

　　　ρ_{pf}——孔隙流体密度；

　　　v_{pf}——孔隙流体速度。

标定方法是先选定两个以上深度，在这些深度上，渗透率已经从其他测量中已知。选其中一个深度作为随深度变化的理论声波测井地震图方程中的参考深度，其他深度上的声波理论地震图可以计算出来。

$$W_{syn}(f, z) = M(f, z) \frac{W(f, z_r)}{M(f, z_r)} \qquad (3.5.29)$$

式中　M——模拟的直达斯通利波频谱响应或传递函数；

　　　z_r——参考深度；

　　　W——测量的波谱。

对所有选定的深度重复这一过程，然后通过将理论数据（即频移和时滞）和实测数据进行比较得到一目标函数，可利用对该函数求极小值的方法来估计 ηK_{pf}。求极小值目标函数定义为：

$$F(\eta K_{pf}) = \sum_{\substack{i, j=1 \\ (i \neq j)}}^{n} [(\Delta f_c^{msd} - \Delta f_c^{theo})^2 / \sigma_{syn}^2 + 2\pi \sigma_{syn}^2 (\Delta T_c^{msd} - T_c^{theo})^2] \qquad (3.5.30)$$

式中　n——所选择的全部深度的数目；

　　　i——参考深度；

　　　j——与 i 进行比较的深度（$j=1, \cdots, n$；$i \neq j$）。

在求极小值的过程中，标定深度上给定的渗透率作为以上参数组合中的一个已知参数。只有 ηK_{pf} 未知，是需要确定的参数组合。使式（3.5.30）取极小值的该参数组合就是所考虑的深度区间上待求的流体参数，而后被用来计算整个深度区间内的连续渗透率曲线。

3.6   井周缝洞储集体测井识别

3.6.1   偶极横波成像原理

图 3.6.1 给出了正交偶极测井仪进行远探测反射横波测量的示意图。声波测井仪器测到的反射波依赖如下几个因素：地层和井眼流体之间的声阻抗差、地层的类型、声源在井孔中的辐射指向性以及远场处的辐射指向性（接收灵敏度）、声源频率、待测地层在反射界面处的反射系数、声波在地层中的非弹性衰减以及声波测井仪器的结构和构造（如源到接收器距离），可以用如下表达式来表示：

$$\mathrm{RWV}(\omega) = S(\omega) \cdot \mathrm{RD}(\omega) \cdot \mathrm{RC}(\omega) \cdot e^{-\omega T/(2Q)} \cdot \frac{\mathrm{RF}}{D} \tag{3.6.1}$$

式中   RWV——井孔中所接收到的反射波；

  S——系统的传递函数；

  RD——声源在远场中的辐射指向性；

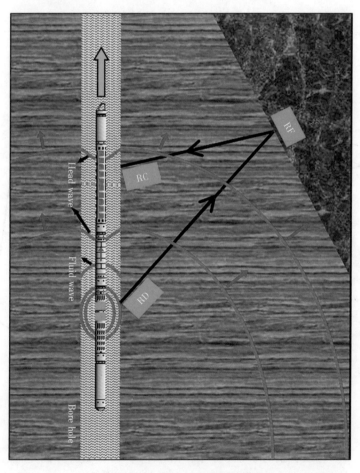

图 3.6.1   正交偶极测井仪进行远探测反射横波测量的示意图

103

RC——井孔接收模式；

RF——进入地层的横波在反射体处的反射系数；除此之外，反射波在地层传播过程中也会衰减，这里由两个因素控制，分别为几何扩散路径 $1/D$ 和沿传播路径的衰减 $e^{-\omega t/(2Q)}$ ；

T——沿传播路径 D 传播的总时间；

Q——衰减因子。

从式（3.6.1）可以看出，在一定的声源辐射和接收条件下，如果所记录到的波形时间长度大于 T ，且经过路径的衰减，反射波信号大于噪声信号，那么就可以通过这种四分量的偶极测量模式对井旁的反射体进行成像和追踪。

图 3.6.2 显示了当井旁存在一个过井眼的反射体时，正交偶极测井仪器从界面之下往上移动的过程中，在地层中激发出 SH 波和 SV 波，经过反射界面反射回井孔中，被接收器接收。可以看出，反射界面处所发生的 SH 波和 SV 波反射，仅仅出现在井眼和入射波所构成的平面内。首先，建立一个以测井仪器为参考系的直角坐标系 xyz ，偶极声源的偏振方向指向 X 方向，其与反射界面走向的夹角为 φ 。将偶极声源分别投影到沿反射界面和入射平面上，从而可以得到：

$$SH = SR\cos\varphi; \quad SV = SR\sin\varphi \tag{3.6.2}$$

式中　S——声源的强度；

R——反射系数。

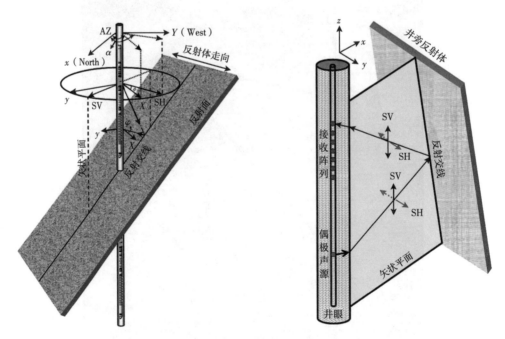

图 3.6.2　正交偶极测量来自井旁反射体的横波反射示意图

从式（3.6.2）可以看出对于 SH 分量，由于它平行于反射界面走向，会产生一个沿反射体走向振动的 SH 波；SV 分量产生一个在入射平面内振动，朝向反射界面传播的 SV

波。当地层为各向同性时，SH 波和 SV 波会沿着同一路径和同一速度，从声源发射，经反射界面反射，在井壁处透射，最后被井孔中的接收器接收，然后将 SH 和 SV 反射波通过矢量分解重新投影接收器上的 x 和 y 方向上，就可以得到常见的四分量偶极数据 xx、xy、yy 和 yx，写成数学表达式为：

$$\begin{cases} xx(t) = \text{SH} \cdot \cos^2\varphi + \text{SV} \cdot \sin^2\varphi \\ xy(t) = -\,\text{SH} \cdot \sin\varphi\cos\varphi + \text{SV} \cdot \sin\varphi\cos\varphi \\ yx(t) = -\,\text{SH} \cdot \sin\varphi\cos\varphi + \text{SV} \cdot \sin\varphi\cos\varphi \\ xy(t) = \text{SH} \cdot \sin^2\varphi + \text{SV} \cdot \cos^2\varphi \end{cases} \quad (3.6.3)$$

将式（3.6.3）的四分量偶极数据联立，就可以得到由四分量偶极数据所表示的 SH 和 SV 反射横波：

$$\begin{cases} \text{SH} = xx(t) \cdot \cos^2\varphi - [xy(t) + yx(t)] \cdot \sin\varphi\cos\varphi + yy(t) \cdot \sin^2\varphi \\ \text{SV} = xx(t) \cdot \sin^2\varphi - [xy(t) + yx(t)] \cdot \sin\varphi\cos\varphi + yy(t) \cdot \cos^2\varphi \end{cases} \quad (3.6.4)$$

从式（3.6.4）可以看出，通过四分量偶极数据就可以计算出 SH 和 SV 反射横波，而且两者在幅度上存在明显的差别。正如式（3.6.1）中所描述的声反射理论模型中，反射波幅度受到了声源、声源的远场指向性、井孔接收模式、地层界面处的反射系数、波在地层中的非弹性衰减、地层种类等因素综合决定。通过以上分析，可以得到三个重要的结论和认识：

第一，利用四分量偶极数据进行反射横波成像比起单极中的反射纵波成像更具有优势，特别是对于井旁裂缝效果更加明显，这主要是因为 SH 波在裂缝面处会出现剪切间断，发生全反射（反射系数为 -1），而 SV 波除了幅度和入射角的限制之外，它还会在裂缝面处发生模式转换，一部能量透射朝向远离井眼的地层辐射，仅有一部分能量被返回井孔中。

第二，偶极声源能够在地层中激发出 SH 和 SV 横波，辐射到地层中，经过井旁反射界面发生反射，最后被井壁处透射，被接收器接收。从式（3.6.4）可以看出，四分量偶极数据是由 SH 波、SV 波和方位角 φ 的正余弦组合而来，而其中的 SH 波和 SV 波会随着仪器的方位变化而变化，它们对于四分量偶极数据的贡献大小也会发生变化。

第三，从式（3.6.4）中可以看出，在偶极交叉分量 xy 和 yx 中包含了井旁反射体走向 φ 的影响，当 $\varphi = 0$ 或者 $\varphi = 90°$ 的时候，$xy = yx = 0$，交叉分量就会消失，而同向分量 $xx = \text{SH}$（SV）和 $yy = \text{SV}$（SH），这时偶极声源的偏振方向正好指向反射体或者与反射体走向平行，因此，可以通过对交叉分量的 xy 和 yx 数据进行最小化，来得到井旁反射体的方位角。

3.6.2 反射波提取方法

3.6.2.1 线性预测方法

假设阵列数据中直达波的速度已知，阵列数据中有 N 个等间距的波列，每一个波列中有 L 个不同的振型。将阵列中第 n 个位置上的振型 $A_l(w)$（$l = 1, \cdots, L$），传播到位置 m 处，在频域中传播的数学表达式为 $A_l(w)\exp(iws_l d)$，令 $E_l = \exp(iws_l d)$（$l = 1, \cdots,$

L），其中 sl 是第 l 个振型的慢度，d 是相邻接收器之间的间距，w 是角频率，L 是直达波的振型数。然后将传播到同一位置上所有振型的频谱求和，并令其与该位置上的实际测量的波频数据比较，令它们相等，这样便可导出以下求解各振型频谱的线性方程组，用矩阵的形式写出：

$$EA = W \tag{3.6.5}$$

即：
$$第 n 行 \rightarrow \begin{bmatrix} E_1^{1-n} & \cdots & E_L^{1-n} \\ \vdots & & \vdots \\ E_1^0 & \cdots & E_L^0 \\ \vdots & & \vdots \\ E_1^{N-n} & \cdots & E_L^{N-n} \end{bmatrix} \begin{bmatrix} A_1(w) \\ \vdots \\ A_L(w) \end{bmatrix} = \begin{bmatrix} W_1(w) \\ W_2(w) \\ \vdots \\ W_N(w) \end{bmatrix}$$

当 $L<N$ 时，式（3.6.4）可以利用最小二乘方程求解，各振型频谱的最小二乘解的矩阵形式为：

$$A = (\widetilde{E^{\mathrm{T}}E})^{-1} \cdot \widetilde{E}^{\mathrm{T}}W \tag{3.6.6}$$

式（3.6.5）给出了 $A_l(w)$ 在位置 n 处预测直达波的频谱近似解。用接收器处的数据，对估算出的每种振型的波的频谱进行求和，就能得到整个直达波的频谱。

通过式（3.6.6）估算出直达波之后，即把直达波从原始阵列数据中分离出来，然后就得到了反射波阵列数据：

$$R_n(w) = W_n(w) - \sum_{l=1}^{L} A_l(w)(n = 1, \cdots, N) \tag{3.6.7}$$

为了对该方法进行说明，建立了一个过井眼，与井眼具有一定夹角声阻抗不连续面的模型。设仪器在三种不同的深度位置下，8 个接收器记录全波波形数据，其中包括振幅相对比较大的纵波和横波，它们的时差都是已知的，还有来自不连续面的反射波数据。仪器位于界面之下和界面之上波形分别如图 3.6.3a、d 所示。

图 3.6.3 a、b 和 c 是仪器位于界面之下的情况，可以看出，由于直达波和反射波的声波时差差别很大（a），当在分离直达波过程中，对估算出的每种直达波频谱沿其慢度方向投影叠加求和的时候，反射波对直达波的贡献几乎为 0，因此可以很好地分离出反射波。图 3.6.3e、f 和 e 显示的是仪器位于界面上部的情况，发现分离的反射波在 $b=0.3\mathrm{m}$ 时几乎消失掉，在 $b=4.1\mathrm{m}$ 时反射波严重失真。这种现象的产生是因为直达波频谱沿其慢度方向投影叠加求和的时候，反射波对直达波的影响是非零的，反射波就会被压制和扭曲。而在 $b=17.4\mathrm{m}$ 时，由于反射波和直达波时差差别较大，可以很好地分离出反射波来。据此，认为只有反射波和直达波的时差具有较大差别时，上述波场分离方法才能有效地将不同振型的波形分离开来。

通过上面波场分离的过程可以看出，当仪器位于界面下部的时候，能够很好地从接收器阵列（共源组合）中分离出下行反射波，显示出地层下倾的方向；相反，仪器位于界面上部的时候，由于直达波和反射波的时差差别不大（图 3.6.3d 中 $b=0.3\mathrm{m}$ 位置的反射波），波场分离中反射波对直达波贡献非零，结果无法获得期望的反射波。为了能够将下

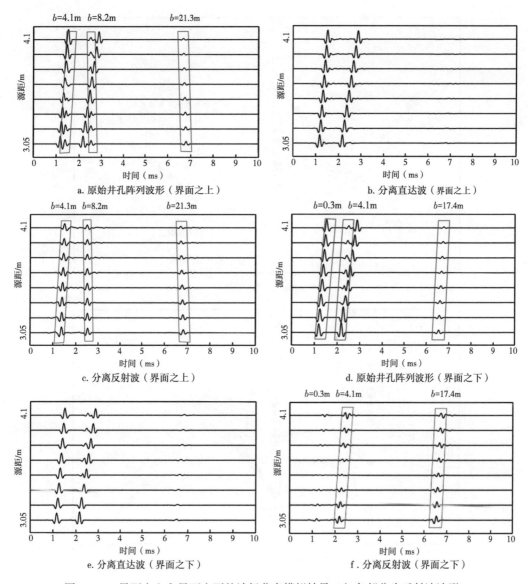

图 3.6.3 界面之上和界面之下的波场分离模拟结果（红色部分为反射波波形）

行反射波通过这种波场分离方法有效地提取出来，必须选择一个不同于接收器阵列（共源组合），并且能够使直达波和反射波的时差差别变大的新的阵列组合形式，如图 3.6.4 所示。

　　同样以建立模型来说明不同阵列声波数据组合方式对于反射波提取的影响和效果，处理结果如图 3.6.5 所示，其中图 3.6.5a 至 d 是上行波，图 3.6.5e 至 h 是下行波。

　　由于提取出来的反射波仍然包含各种不同的"噪声"，比如经过分离后的直达波的残余数据，不同类型的透射波和转换波（P-S，S-P）还有一些随机噪声。当这些干扰波很大时，可能导致期望的反射波不能被识别。因此在噪声对反射波提取存在很大干扰时，可以沿着阵列中反射波时差进行叠加来进一步加强反射波。第 n 个接收器处的叠加数据是：

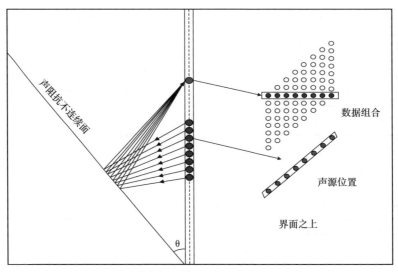

a. 共接收器组合（发射器阵列）

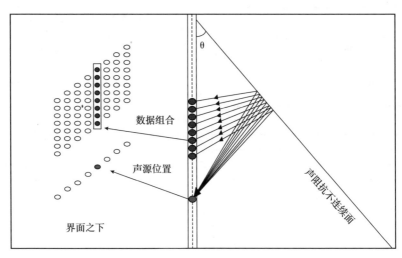

b. 共源组合（接收器阵列）

图 3.6.4　阵列声波的道集组合

$$W_n(T_n) = \frac{1}{N} \sum_{m=1}^{N} W_n(T_m) \tag{3.6.8}$$

式中　T_m——第 m 个接收器接收到的反射波的到时。

　　如果阵列声波数据中存在反射波的话，沿着期望的反射波时差进行叠加必然会加强反射波，而其他的干扰信号，因为没有按照指定的反射波时差进行叠加，将会被压制。

　　为了证明该波场分离和反射波叠加处理方法的有效性，计算了实际地层条件下的点声源和相控声源的全波波形，如图 3.6.6a、b 所示。从原始全波波形里可以清楚地看到反射波的存在（圆圈部分），按照上述方法，分别对它们进行了处理，其中图 3.6.6c、d 分别是经过波场分离之后未经叠加的反射波波形，可以看出经分离后的直达波残余数据，虽

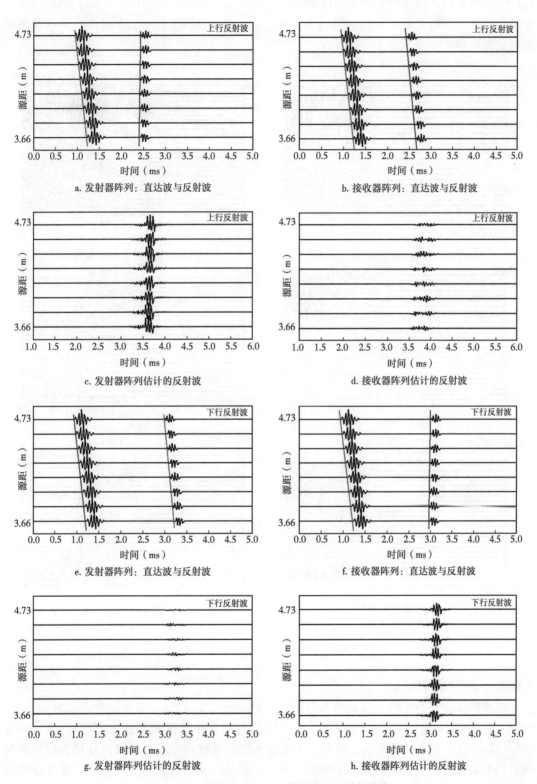

图 3.6.5 接收器阵列和发射器阵列的波场分离

然已经有所衰减，但是仍有一个与反射波相比的振幅，并没有被完全的压制，因此分别对反射波沿波至进行了叠加处理，如图 3.6.6e、f 所示，与图 3.6.6c、d 相比，直达波基本上被全波压制。

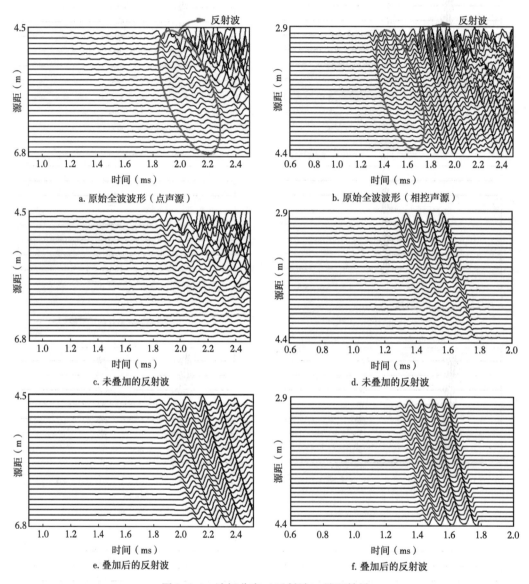

图 3.6.6 波场分离（反射波）处理结果

3.6.2.2 中值滤波法

通常情况下，对于阵列声波测井数据有两种组合方式：（1）共源组合方式（Common Source Gather）；（2）接收器阵列中某一个接收器随着深度组合共接收器组合（Common Offset Gather）。对于后者来说，波列中经常会形成有三种不同形态的波，分别为近似具有垂直同相轴的直达波、同向轴向下倾斜的下行反射波以及向上倾斜的反射波，该方法利用的便是后一种数据结构，其算法过程如下：

将阵列声波数据抽取为某一接收器上的按一系列测井深度组合而成的共接收器道集，并且设中值滤波的跨度为 n，那么对于其中第 i 点进行中值滤波包括四个步骤：

（1）以某个深度点 i 为中心，取 n 个深度点对应该时刻的波形幅度作为输入。

（2）然后，对这 n 个深度点的振幅数据，进行由大到小或由小到大排序。

（3）将排序之后的中间波形幅值作为当前深度点的滤波输出，当 n 个为奇数时，输出为中间值；如果为偶数，则为中间的两个幅值的平均值；对该深度点上的波形的所有采样点重复进行处理，就得到了该深度点波形的中值滤波输出。

（4）再以下一个深度点 $i+1$ 为中心，按照上述步骤重复进行，直到所设置的深度范围全部处理完毕为止。

图 3.6.7 给出了阵列声波共源数据中值滤波的过程示意图。首先将数据组合成共接收器的数据阵列，将形成图 3.6.7a 所示的近似具有垂直同相轴的直达波（褐色）和不同倾斜方向的反射波（蓝色和红色）；然后，经过上述四个步骤，将直达波去掉（褐色，图 3.6.7b）；之后针对某一方向的反射波，按照其到时初至偏移到相等到时为止（图 3.6.7c），类似的方法，可以去掉这一方向的反射波，得到红色所示方向的反射波，将中值滤波波结果按照原来的时间反向移动，就可得到上行反射波（图 3.6.7e）；最后，从直达波中值滤波结果中减去上行反射波，就可以得到上行反射波数据。

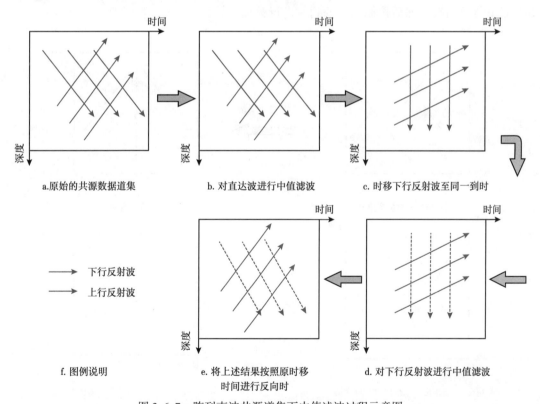

图 3.6.7　阵列声波共源道集下中值滤波过程示意图

在实际的应用中，利用中值滤波进行反射波提取过程中，往往直接可以把具有倾斜同相轴的波列提取出来。先把倾斜同相轴的反射波通过偏移校为具有垂直同相轴的波列，之后按照图 3.6.7 所示的方法对其进行中值滤波，会大大压制直达波信息，将得到的结果按照之前的偏移量进行反向偏移，就可以得到所需要的反射波波形。

3.6.2.3 *f—k* 滤波法

和中值滤波一样，*f—k* 二维滤波也是针对共接收器阵列数据进行。和中值滤波不同的是，该方法由于是在 *f—k* 域内进行，自然地可以区分上下行波，后面的实际例子中会有所说明。首先对共接收器阵列下的全波数据做二维傅里叶变换，使其转化为频率波数域，理论上具有垂直同相轴的直达波在 *f—k* 域中视速度无穷大，下行反射波位于负波数平面内，而上行反射波位于负波数平面内，两者视速度都为有限的数值，基于这样的特点，*f—k* 滤波包括以下几个步骤：

（1）将共源距道集的数据从时间空间域变换到频率波数域中，在频率波数域中对具有垂直同相轴的波列进行压制，这样就得到了图 3.6.8b，分别为正波数平面内的下行波和负波数平面内的上行波；

（2）对下行波进行切除，保留上行波，从而得到频率波数域中的上行波（图3.6.8c）；

（3）对图 3.6.8c 结果进行二维傅里叶反变换，就可以得到时间空间域加强的上行反射波（图 3.6.8d），类似的处理方法，可以很快得到时间空间域中的下行反射波；

（4）对每个接收器所组成的共接收器数据进行同样的处理，分别得到 8 组上行反射波和 8 组下行反射波，然后按照估计的到时进行叠加，加强反射波。

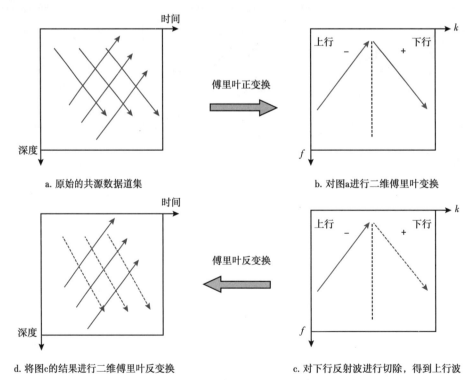

a. 原始的共源数据道集

b. 对图a进行二维傅里叶变换

d. 将图c的结果进行二维傅里叶反变换

c. 对下行反射波进行切除，得到上行波

图 3.6.8　阵列声波共源道集下频率波数滤波过程示意图

3.6.3 反射波成像方法分析

从全波数据中分离出上行反射波和下行反射波之后，分别对其进行偏移处理得到地层反射体的图像，得到井旁反射体高边和底边的成像图。地震勘探中的偏移成像通常分为叠后偏移和叠前偏移，从而可以得到井旁反射体的"真实"位置。目前来说，常见的几种偏移成像有绕射偏移叠加法、广义 Radon 变换的回传偏移法、常规的 Kirchoff 深度偏移方法、叠前的 f—k 偏移法。

在进行偏移过程中需要一个随深度变化的地层速度模型，来正确确定井旁反射体在地层中的真实位置。通常情况下，使用声波测井所得到的随深度变化的速度曲线，来建立偏移中所需的速度模型。经过偏移叠加之后，反射波数据就会被变换到二维空间坐标系中，一维是从井轴开始向外延伸的径向距离，另一维是测井仪器的深度。从成像图中就可以直观看出井旁反射体从井轴向径向范围延伸的距离和反射体的形态等信息。

3.6.3.1 绕射扫描偏移叠加

绕射扫描偏移叠加是建立在射线理论基础上的一种偏移方法，偏移剖面上的任何一个点都可以对应叠加剖面上的一条绕射双曲线，该方法可以使反射波自动归位到其所在空间的真实位置上。首先，将所要成像的偏移剖面进行离散，空间中的每一个网格都假设反射点，如图 3.6.9 所示。图中 Z 为垂直于井轴的径向方向，X 为仪器移动方向。井旁存在一反射界面（黑色粗线所示），D 为井旁反射界面上的一点，当源距固定时，每个发射器位置 T 唯一对应一个接收器 R，并且得到一条波形（Wavetrace1），这样就可以根据射线理论计算出从发射器 T 到接收器 R 反射波的用时：

$$t = \frac{1}{v}\left(\sqrt{(X_i - X_T)^2 + Z_j^2} + \sqrt{(X_R - X_i)^2 + Z_j^2} \right) \tag{3.6.9}$$

然后，对整个网格进行扫描，对于任何一个空间网格点 D，如果它正好是反射点，就可以按照式（3.6.9）计算出所有反射波到时。假设测井仪器移动了 N 位置，那么对于某一源距下，就可以得到 N 道全波波形，根据公式计算得到这些位置处所对应的反射波到达

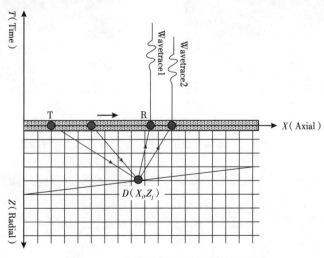

图 3.6.9　井旁反射界面上的反射点 D

时间，根据时间从波形中取出对应位置处的振幅值 A_i，将这 N 个点所对应的 N 个振幅值累加 $A = \sum_{i=1}^{N} A_i$ 来表征 D 点。可以理解的是，如果 D 点恰好通过了反射界面，这样对于 D 点来说，对应的振幅值 A_i 是接近同相的，将其叠加之后，A 必然会很大。反之，如果 D 点不在反射界面上，那么得到的对应的 N 个振幅值 A_i 将不再是同相的，这样就可以获得同相的叠加，然后将得到的叠加值放置在各个绕射双曲线的顶点处，最后连线各个顶点，就得到了所需的反射界面真实位置。

在实际的偏移成像中，是针对共源距数据进行，为了对该方法进行对比验证，分别建立了反射界面倾角为 80°、70°、50° 以及 80° 和 100° 形成的交叉界面。利用上述反射波提取方法，分别得到对应的模型下的共源距反射波，将其输入该算法中，得到了如图 3.6.10 所示的成像结果，图中纵坐标表示井轴方向，横坐标为垂直于井轴的径向距离。从图中可以直观地看出，反射界面在径向和轴向的相对位置非常清楚，当然，这和反射波数据质量有很大关系，也就是说反射波数据的质量决定了成像效果的好坏。

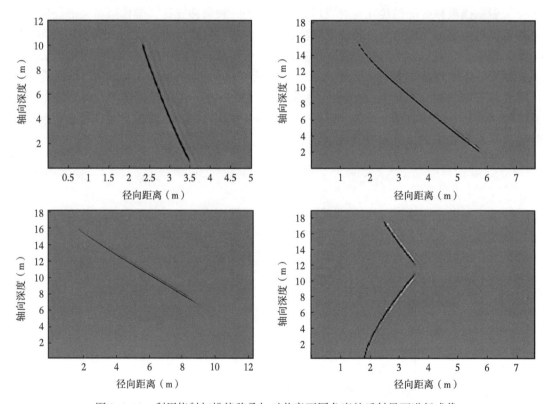

图 3.6.10　利用绕射扫描偏移叠加对井旁不同角度的反射界面进行成像

为了进一步对成像结果进行考察，从偏移剖面上得到反射界面的倾角，将其与正演输入的倾角大小做比较，见表 3.6.1，可以看出，实际正演输入倾角大小和反演出来的结果差别很小，相对误差小于 2%，对于界面的空间相对位置，也基本上一致，误差在 1% ~ 3% 左右。

表 3.6.1 地质界面实际倾角与反演结果对比

实际倾角大小（°）	70	50	80+100	
反演倾角大小（°）	71.32	50.65	79.44	99.15
相对误差（%）	1.9	1.3	0.7	0.8

3.6.3.2 f—k 叠前偏移成像

阵列声波测井仪器通常会包含有一组多个接收器，可以获得多组共源距数据，在图 3.6.10 绕射扫描偏移叠加中，仅仅利用了阵列声波测井数据中的某一个接收器的共源距道集数据进行的偏移成像。相比之下，f—k 叠前偏移成像方法，将所有的接收器都加以利用，这对于压制噪声和提高成像质量是非常有利，而且也非常符合阵列声波测井数据结构。

阵列声波测井数据由三个方面组成：仪器的深度位置、各个接收器的深度位置以及每个接收器的不同时间。发现这种数据结构类似地面地震勘探，且很好地符合叠前偏移的要求。但是两者也存在一定不同，阵列声波测井数据中包括有大幅度的直达波和微弱的反射波，接收器的数目也是有限的，接收器阵列总长度通常也就 1m 多。既然阵列声波测井数据结构和地面地震勘探的类似，就可以将地震中的偏移方法引入。但是由于两者之间的差别，又需要将原来的偏移方法进行改进，以求能够适应阵列声波数据模式。

1978 年，Stolt 首次提出了常速介质的 f—k 偏移方法，并将其应用到了实际的现场资料中，获得了地质构造图像。以下式子便是 f—k 域的 Stolt 偏移基本公式：

$$u(x, z, 0) = \frac{1}{4\pi^2} \int_{-\infty}^{\infty} \int_{-\infty}^{\infty} A(k_x, k_z) \frac{vk_z}{\sqrt{k_x^2 + k_z^2}} e^{-i(k_x x + k_z z)} dk_x dk_z \tag{3.6.10}$$

其中：
$$A(k_x, k_z) = \widetilde{u}(k_x, v\sqrt{k_x^2 + k_z^2})$$

简单地说，可以利用以下四个步骤来实现：

（1）将原始数据 $u(x, t)$ 变化到 f—k 域，得到 $\widetilde{u}(k_x, \omega)$；

（2）将 $\widetilde{u}(k_x, \omega)$ 映射为 $A(k_x, k_z)$；

（3）将 $vk_z/\sqrt{k_x^2 + k_z^2}$ 和 $A(k_x, k_z)$ 相乘；

（4）将上述结果进行二维傅里叶反变换，即可得到 $u(x, z, 0)$。

Stolt 所提出的这种方法精度高、稳定性好，可以进行大倾角成像。对于阵列声波测井数据结构来说，这些优点依然存在。这里需强调说明的是，由于偏移过程是在 f—k 域内求解，因此这种方法本身就可以区分上下边界，避免了偏移叠加前将反射波数据分离成上行和下行波，只需要进行一次偏移。然而，要说明的是 Stolt 提出的 f—k 偏移假定地层介质的速度为一恒定不变的数值，特别是在垂向速度变化比较大的情况下，这种方法就不能适应实际需求。

在 Stolt 原方法中针对的是共中心点道集，然而，阵列声波测井仪器由于接收器有限，如果组成共中心点道集，那么每一个中心也就几道波形。因此，共中心点道集不再适应阵列声波测井数据结构，需要将 Stolt 的 f—k 偏移方法改进为针对共源道集，充分利用所有接收器上的信息。

考虑声波在径向和轴向（R，Z）内传播，Z轴沿井轴方向，其正方向和仪器的运动方向相同。沿源和接收器的尺寸中进行一次三维傅里叶变换将波场转换到波数域和频率域。在改进的f—k偏移算法中，把时间、源发射器的位置，以及发射器和接收器之间的间距作为场变量。三维傅立叶变换的声场是：

$$\widetilde{u}(P,\ p,\ w) = \iiint \exp[\ \mathrm{i}(PZ + pz - wt)\ ]\mu(0,\ 0,\ Z,\ z,\ t)\mathrm{d}z\mathrm{d}Z\mathrm{d}t \qquad (3.6.11)$$

式中　ω——角频率；

$\qquad Z$——仪器位置；

$\qquad z$——源—接收器间距；

$\qquad P$ 和 p——分别是与 Z 和 z 分别相关的波数。

波场 u （0，0，Z，z，t）是实际测量得到阵列声波全波数据。首先对改进的f—k偏移进行从 ω 到波数 μ 的坐标转换，采用如下频散关系：

$$\omega = \mathrm{sng}\ (w)\ (v/2)\ \sqrt{4p^2 + (m-x)^2} \qquad (3.6.12)$$

式中　v——速度。

定义 $x = P\ (2p-P)/m$，这样就得到了一个针对阵列声波测井数据模式下的f—k偏移方法，如下：

$$u(vt/2,\ 0,\ Z,\ 0,\ 0) = (2\pi)^{-3} \iint \exp[\ \mathrm{i}(PZ - \mu vt/2)\ ] \times$$

$$\mathrm{d}\mu\mathrm{d}P\left[\int \mathrm{d}p \widetilde{u}(P,\ p,\ \omega)\ \frac{c^2}{4\omega\mu}(\mu^2 - \xi^2)\right] \qquad (3.6.13)$$

式中　μ——径向波数。

P 和 μ 的二重积分在波数域形成了一个二维傅里叶反变换。也就是说，偏移叠加过程中，只需要进行两次快速傅里叶逆变换，就可获得上行和下行反射波图像。

和绕射扫描偏移叠加类似，也建立了不同角度的井旁地层界面计算模型，利用上述反射波提取方法对八个接收器所组成的八组随深度变化的共源距数据进行处理，然后将得到的八组共源距反射波数据组成为由仪器的深度位置、接收器位置以及波列记录时间三维数据结构，将其输入f—k偏移算法中，得到了图 3.6.11 所示的成像结果。从图中可以直观地看出，反射界面在径向和轴向的相对位置非常清楚。当然，这和反射波数据质量有很大关系，也就是说反射波数据的质量决定了成像效果的好坏。从偏移剖面上得到反射界面的倾角，并与正演输入的倾角大小做比较，见表 3.6.2，相对误差都小于2%。相对于绕射扫描偏移叠加来说，该方法充分利用了阵列声波不同接收器上的数据，提高了声波测井的精度，相对误差也变小。

表 3.6.2　地质界面实际倾角与反演结果对比

实际倾角大小（°）	80	60	40
反演倾角大小（°）	80.3	60.4	40.5
误差（%）	0.3	0.6	1.2

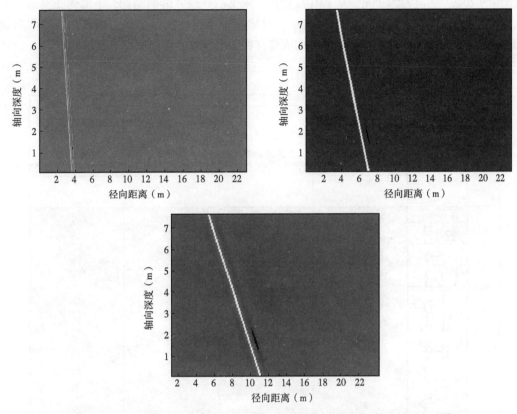

图 3.6.11　利用改进的叠前 f—k 偏移对井旁不同角度的反射界面进行成像

3.6.4　现场资料处理实例

远探测反射成像处理主要包括预处理和成像处理，具体处理流程如图 3.6.12 所示。需要强调的是波形预处理根据具体情况可以不做。一般而言，原始数据波形质量无法满足成像的需要，例如波形周期多、后续反射波幅度过小等，此时需要对原始数据进行预处理，可以达到减少波形周期、增强后续波的目的。而且预处理还具有压制直达波的手段，所以通常成像处理之前要进行预处理。

根据上述远探测处理步骤，图 3.6.13 给出了 TK209 井的偶极横波远探测成像测井处理结果，图中第 2 道为常规曲线，第 3 至第 6 道分别为南北向、北偏东 45°、东西向及北偏东 135° 四个方位远探测成像图。从图中可以看到 5500~5572m 井外缝洞发育，5640~5695m 井旁发育裂缝，为了分析方便，分别对单独提取了上部和下部的成像图，如图 3.6.14 和图 3.6.15 所示。可以看出，上部发育缝洞集合体，延

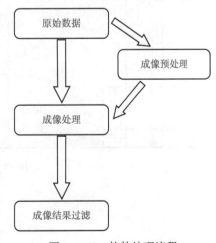

图 3.6.12　软件处理流程

117

伸范围约 70m，径向为约 25m，从 FMI 成像图中未见明显过井缝洞结构。下部为正交的大裂缝，高度约 30m，径向为 30m，倾角约 90°，对比四个方位的成像结果可以看出，东西向成像效果良好，成像同相轴连续，南北方向成像存在断续现象，可能裂缝有充填现象。

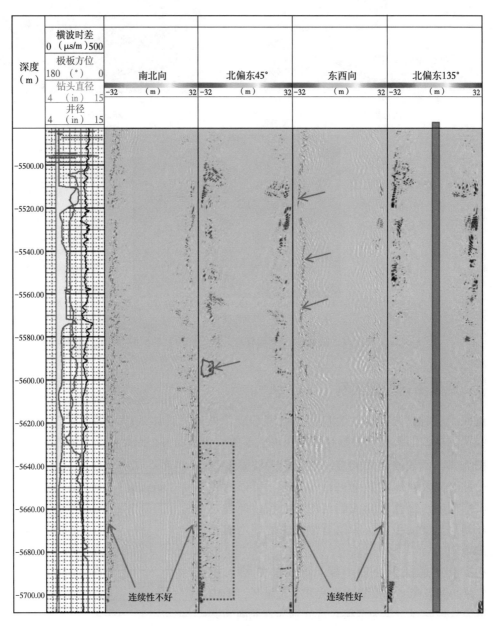

图 3.6.13 TK209 井的偶极横波远探测成像测井处理结果

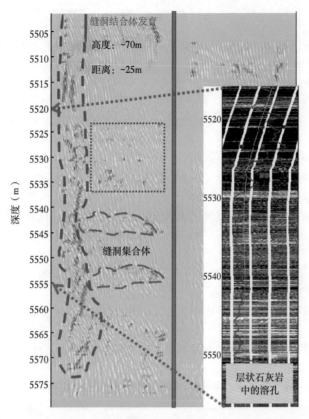

图 3.6.14　TK209 井上段偶极横波远探测成像测井处理结果（5500～5572m）

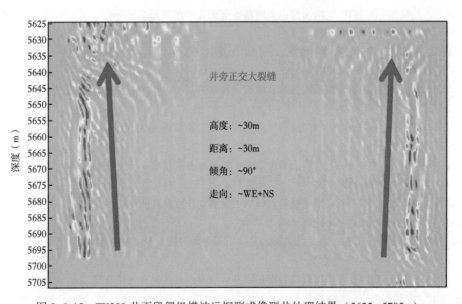

图 3.6.15　TK209 井下段偶极横波远探测成像测井处理结果（5625～5705m）

参 考 文 献

蔡春芳，李开开，李斌，等 . 2009. 塔河地区奥陶系碳酸盐岩缝洞充填物的地球化学特征及其形成流体分析 [J]. 岩石学报，25（10）：2399-2404.

蔡忠贤，刘永立，段金宝 . 2009. 岩溶流域的水系变迁——以塔河油田 6 区西北部奥陶系古岩溶为例 [J]. 中国岩溶，28（1）：30-34.

曹建文，夏日元，张庆玉 . 2015. 应用古地貌成因组合识别法恢复塔河油田主体区古岩溶地貌 [J]. 新疆石油地质，36（3）：283-28.

陈鑫 . 2010. 塔里木盆地奥陶系碳酸盐岩储集体井下和露头对比研究 [D]. 青岛：中国石油大学（华东）.

邓少贵，王晓畅，范宜仁 . 2006. 裂缝性碳酸盐岩裂缝的双侧向测井响应特征及解释方法 [J]. 地球科学：中国地质大学学报，31（6）：846-850.

范嘉松 . 2005. 世界碳酸盐岩油气田的储层特征及其成藏的主要控制因素 [J]. 地学前缘，12（3）：23-30.

樊政军，柳建华，张卫峰，等 . 2008. 塔河油田奥陶系碳酸盐岩储层测井识别与评价 [J]. 石油与天然气地质，29（1）：61-65.

刘玺，张珊珊 . 2018. 过井眼缝洞地层双侧向电阻率测井敏感性因素分析 [J]. 长江大学学报（自科版），15（23）：31-35.

郝仲田，孙小芳，刘西恩，等 . 2014. 偶极横波远探测测井技术应用研究 [J]. 地球物理学进展，29（5）：2172-2177.

何发岐 . 2002. 碳酸盐岩地层中不整合—岩溶风化壳油气田：以塔里木盆地塔河油田为例 [J]. 地质论评，48（4）：391-397.

何绪全，张健审 . 2003. 测井新技术在碳酸盐岩储层测井评价中的应用 [J]. 天然气勘探与开发，26（1）：43-48.

黄成毅，邹胜章，潘文庆，等 . 2006. 古潮湿环境下碳酸盐岩缝洞型油气藏结构模式———以塔里木盆地奥陶系为例 [J]. 中国岩溶，25（3）：250-255.

金强，张三，孙建芳，等 . 2020. 塔河油田奥陶系碳酸盐岩岩溶相形成和演化 [J]. 石油学报，41（5）：513-525.

金强，程付启，田飞 . 2017. 岩溶型碳酸盐岩储层中缝洞复合体及其油气地质意义 [J]. 中国石油大学学报（自然科学版），41（3）：49-55.

金强，田飞 . 2013. 塔河油田岩溶型碳酸盐岩缝洞结构研究 [J]. 中国石油大学学报（自然科学版），37（5）：15-21.

金强，田飞，鲁新便，等 . 2015. 塔河油田奥陶系古径流岩溶带垮塌充填特征 [J]. 石油与天然气地质，36（5）：729-735.

金强，康迅，荣元帅，等 . 2015. 塔河油田奥陶系古岩溶地表河和地下河沉积和地球化学特征 [J]. 中国石油大学学报（自然科学版），39（6）：1-10.

金强，程付启，田飞 . 2017. 岩溶型碳酸盐岩储层中缝洞复合体及其油气地质意义 [J]. 中国石油大学学报（自然科学版），41（3）：49-55.

金之钧，张一伟，陈书平 . 2005. 塔里木盆地构造—沉积波动过程 [J]. 中国科学：D 辑，35（6）：530-539.

景建恩 . 2003. 裂缝、溶蚀孔洞型碳酸盐岩储层测井评价方法及其发育规律研究 [D]. 长春：吉林大学.

康玉柱 . 2010. 中国古生代海相油气资源潜力巨大 [J]. 石油与天然气地质，31（6）：699-706.

康玉柱 . 1989. 塔里木盆地北部石油地质几个问题的讨论 [J]. 现代地质，3（1）：111-123.

康玉柱 . 2002. 塔里木盆地海相古生界油气勘探的进展 [J]. 新疆石油地质，23（1）：76-78.

康玉柱 . 2008. 中国古生代碳酸盐岩古岩溶储集特征与油气分布 [J]. 天然气工业，2008，28（6）：1-12.

120

康志宏 . 2006. 塔河碳酸盐岩油藏岩溶古地貌研究 [J]. 新疆石油地质, 27 (5)：522-525.

李宁 . 2013. 中国海相碳酸盐岩测井解释概论 [M]. 北京：科学出版社.

李阳 . 2013. 塔河油田碳酸盐岩缝洞型油藏开发理论及方法 [J]. 石油学报, 34 (1)：115-121.

李善军, 汪涵明 , 肖承文, 等 . 1997. 碳酸盐岩地层中裂缝孔隙度的定量解释 [J]. 测井技术, 21 (3)：
51-60.

李善军, 肖永文, 汪涵明, 等 . 1996. 裂缝的双侧向测井响应的数学模型及裂缝孔隙度的定量解释 [J].
地球物理学报, 39 (6)：845-852.

李源, 鲁新便, 蔡忠贤, 等 . 2016. 塔河油田海西早期古水文地貌特征及其对洞穴发育的控制 [J]. 石油
学报, 37 (8)：1011-1020.

李舟波, 范晓敏 . 2002. 塔河油田碳酸盐岩储层测井评价方法研究 [J]. 海相油气地质, 7 (1)：48-54.

李竹强 . 2010. 塔河油田碳酸盐岩储层测井评价研究 [D]. 青岛：中国石油大学 (华东).

刘玺, 张珊珊 . 2018. 过井眼缝洞地层双侧向电阻率测井敏感性因素分析 [J]. 长江大学学报 (自科版),
15 (23)：31-35.

柳建华 . 2001. FMI 成像测井技术在塔河碳酸盐油田的应用 [J]. 新疆石油地质, 22 (6)：487-488.

柳建华, 蔺学旻, 张卫锋, 等 . 2014. 塔河油田碳酸盐岩储层有效性测井评价实践与思考 [J]. 石油与天
然气地质, 35 (6)：950-958.

鲁新便, 何成江, 邓光校, 等 . 2014. 塔河油田奥陶系油藏喀斯特古河道发育特征描述 [J]. 石油实验地
质, 36 (3)：268-274.

鲁新便 . 2003. 塔里木盆地塔河油田奥陶系碳酸盐岩油藏开发地质研究中的若干问题 [J]. 石油实验地
质, 25 (5)：508-512.

吕修祥, 杨宁, 等 . 2008. 塔里木盆地断裂活动对奥陶系碳酸盐岩储层的影响 [J]. 中国科学：D 辑, 38
(增刊 I)：48-54.

罗利, 胡培毅, 周政英 . 2001. 碳酸盐岩裂缝测井识别方法 [J]. 石油学报, 22 (3)：32-35.

马丽娟, 孔庆莹, 刘坤岩, 等 . 2014. 塔河油田奥陶系油藏弱振幅反射特征及形成机理 [J]. 石油地球物
理勘探, 49 (2)：338-343.

漆立新, 云露 . 2010. 塔河油田奥陶系碳酸盐岩岩溶发育特征与主控因素 [J]. 石油与天然气地质, 31
(1)：1-12.

司马立强 . 2005. 碳酸盐岩缝—洞性储层测井综合评价方法及应用研究 [D]. 成都：西南石油大学.

苏俊磊, 张松扬, 王晓畅, 等 . 2015. 塔河油田碳酸盐岩洞穴型储层充填性质常规测井表征 [J]. 地球物
理学进展, 30 (3)：1264-1269.

谭廷栋 . 1987. 裂缝性油气藏测井解释模型与评价方法 [M]. 北京：石油工业出版社.

唐晓明, 魏周拓 . 2012. 声波测井技术的重要进展——偶极横波远探测测井 [J]. 应用声学, 31 (1)：
10-17.

唐晓明, 魏周拓 . 2012. 利用井中偶极声源远场辐射特性的远探测测井 [J]. 地球物理学报, 55 (8)：
2798-2807.

田飞, 金强, 李阳, 等 . 2012. 塔河油田奥陶系缝洞型储层小型缝洞及其充填物测井识别 [J]. 石油与天
然气地质, 33 (6)：900-908.

汪涵明, 张庚骥, 李善军, 等 . 1995. 单一倾斜裂缝的双侧向测井响应 [J]. 石油大学学报 (自然科学
版), 19 (6)：21.

王晓畅, 范宜仁, 张庚骥 . 2008. 基于双侧向测井资料的裂缝孔隙度计算及其标定 [J]. 物探化探计算技
术, 30 (5)：37-380.

王晓畅, 胡松, 孔强夫 . 2018. 双侧向测井响应计算洞穴充填物电阻率方法 [J]. 地球物理学进展, 33
(3)：1155-1160.

王晓畅，张军，李军，等．2017．基于交会图决策树的缝洞体类型常规测井识别方法：以塔河油田奥陶系为例［J］．石油与天然气地质，38（4）：805-812．

魏周拓．2011．反射声波测井数值与物理模拟研究［D］．青岛：中国石油大学（华东）．

王允诚．1992．裂缝性致密油气储层［M］．北京：地质出版社．

吴东胜，张玉清，刘少华，等．2006．塔里木盆地轮古西潜山油气运聚及分布机理［J］．石油学报，27（5）：41-45．

吴胜和，欧阳健．1994．塔里木盆地轮南地区奥陶系岩溶体系的测井分析［J］．石油大学学报（自然科学版），18（2）：123-127．

伍文明，康志宏，赵新法，等．2007．塔河油田六区鹰山组缝洞型储层测井识别［J］．石油地质与工程，21（5）：37-39．

吴欣松，魏建新，昌建波，等．2009．碳酸盐岩古岩溶储层预测的难点与对策［J］．中国石油大学学报（自然科学版），33（6）：16-21．

夏日元，唐建生，邹胜章，等．2006．碳酸盐岩油气田古岩溶研究及其在油气勘探开发中的应用［J］．地球学报，27（5）：503-509．

夏文豪．2009．塔河油田裂缝性储层测井评价研究［D］．青岛：中国石油大学（华东）．

肖丽，范晓敏，梅忠武．2005．塔河油田奥陶系地层成像测井模式探讨［J］．测井技术，29（2）：125-128．

肖小玲，靳秀菊，张翔，等．2015．基于常规测井与电成像测井多信息融合的裂缝识别［J］．石油地球物理勘探，50（3）：542-547．

肖玉茹，王敦则，沈杉平．2003．新疆塔里木盆地塔河油田奥陶系古洞穴型碳酸盐岩储层特征及其受控因素［J］．现代地质，17（1）：92-98．

谢关宝，李永杰，吴海燕，等．2020．近井眼洞穴型地层双侧向测井敏感因素分析［J］．石油钻探技术，48（1）：120-126．

徐婷，伦增珉，谭中良，等．2008．塔河油田碳酸盐岩岩块系统的参数法分类及孔喉结构特征［J］．中国石油大学学报（自然科学版），32（4）：76-81．

袁士义，宋新民，冉启全．2004．裂缝性油藏开发技术［M］．第一版．北京：石油工业出版社．

曾文冲．1991．油气藏储集层测井评价技术［M］．北京：石油工业出版社．

翟晓先，云露．2008．塔里木盆地塔河大型油田地质特征及勘探思路回顾［J］．石油与天然气地质，29（5）：565-573．

张抗．1999．塔河油田的发现及其地质意义［J］．石油与天然气地质，20（2）：24-28，36．

张三，金强，赵深圳，等．2020．塔河油田海西运动早期奥陶系岩溶地貌［J］．新疆石油地质，41（5）：527-534．

张三，金强，程付启，等．2020．古岩溶流域内地表河与地下河成因联系与储层特征——以塔河油田奥陶系岩溶为例［J］．中国岩溶，39（6）：1-15．

张三，金强，乔贞，等．2020．塔河油田奥陶系构造差异演化及油气地质意义［J］．中国矿业大学学报，49（3）：576-586．

张庚骥．1984．电法测井［M］．北京：石油工业出版社．

张松扬，范宜仁，程相志，等．塔中地区奥陶系碳酸盐岩储层测井评价研究［J］．石油物探，2006，45（6）：630-637．

张希明，杨坚，杨秋来，等．2004．塔河缝洞型碳酸盐岩油藏描述及储量评估技术［J］．石油学报，25（1）：13-18．

张晓辉．2005．塔河油田碳酸盐岩岩溶测井响应特征［J］．新疆地质，23（4）：406-409．

张秀荣，赵冬梅，胡国山．2005．塔河油田碳酸盐岩储层类型测井分析［J］．石油物探，44（3）：240-

242.

赵良孝.1994.碳酸盐岩储层测井评价技术［M］.北京：石油工业出版社.

赵舒.2005.微电阻率成像测井资料在塔河油田缝洞型储层综合评价中的应用［J］.石油物探，44（5）：509-516.

邹胜章，夏日元，刘莉，等.2016.塔河油田奥陶系岩溶储层垂向带发育特征及其识别标准［J］.地质学报，90（9）：2490-2501.